EXPERIMENTACIÓN EN QUÍMICA INORGÁNICA

Andrés Garcés, Santiago Gómez, Isabel del Hierro
Yolanda Pérez, Sanjiv Prashar, Luis Fernando
Sánchez-Barba

EXPERIMENTACIÓN EN QUÍMICA INORGÁNICA

Editado por Isabel del Hierro

Servicio
de
publicaciones

Dykinson, S.L.

Editorial DYKINSON, S.L. Meléndez Valdés, 61 - 28015 Madrid
Teléfono (+34) 91 544 28 46 - (+34) 91 544 28 69
e-mail: info@dykinson.com
http://www.dykinson.es
http://www.dykinson.com
Consejo Editorial véase www.dykinson.com/quienessomos

ISBN: 978-84-9849-401-3
Depósito Legal: SE-462-2009

Preimpresión realizada por los autores
Printed by Publidisa

1. ÍNDICE

ÍNDICE

4. ANEXOS

1. INTRODUCCIÓN

INTRODUCCIÓN

Los cambios en la industria química a lo largo del siglo XX se han basado en el gran desarrollo de las ciencias básicas (Física, Química, Biología, etc.) y en el avance de otras ciencias aplicadas e ingenierías. Concretamente, el desarrollo en las últimas décadas de nuevos métodos de síntesis y de nuevos procesos catalíticos ha supuesto un avance imparable en el campo de la química inorgánica. Áreas como la catálisis homogénea y heterogénea, la biocatálisis, procesos catalíticos utilizando "green solvents", procesos de inmovilización de catalizadores, etc. entre otros, han contribuido al desarrollo de nuevos y mejores procesos de síntesis inorgánica. Estos avances han supuesto a su vez una mayor interrelación entre la química inorgánica y otros campos como la biología y/o la ingeniería.

Uno de los objetivos de cualquier titulación de la rama científico-tecnológica debe ser el de proporcionar al alumno una sólida formación básica que posibilite a los titulados la adaptación a los nuevos retos tecnológicos y otorgar una especialización en materias de actualidad, que facilite su incorporación al mercado laboral.

En este sentido la asignatura de Química Inorgánica es clave para la formación de un titulado en la rama científico-tecnológica y en ella se deberá realizar un estudio adecuado de los elementos y sus compuestos, resaltando aquellos elementos o combinaciones que tengan relevancia industrial.

El presente texto se presenta con el objetivo de cubrir las necesidades bibliográficas existentes en el campo de la experimentación en química inorgánica. Existe, en la actualidad, abundante bibliografía en el campo de la química inorgánica y química inorgánica avanzada, volúmenes de gran calidad que estructuran la química inorgánica descriptiva de los elementos fundamentalmente de dos formas. Por grupos del sistema de períodos o por tipo de combinaciones. La bibliografía existente, sin embargo, en el campo de la experimentación en química inorgánica no es tan abundante y en muchos casos se trata de monografías de elevado nivel dirigidas a alumnos de cursos avanzados y altamente especializados.

Con la presente obra se pretende ofrecer a alumnos de los primeros cursos de titulaciones de ciencias e ingeniería una colección de experimentos en química inorgánica que les permitan familiarizarse con el comportamiento de los compuestos inorgánicos, aprender el manejo del material básico de un laboratorio de química y la realización de montajes sencillos. Los distintos experimentos pretender afrontar un estudio sistemático de los elementos de la tabla periódica. Se estudia, por ejemplo, el comportamiento de algunos elementos de los grupos 1, 2, 13, 14, 15, 16 y 17; y el de distintos metales de transición. A modo introductorio se estudia la química redox de los metales de transición en la práctica 1. Se incluyen, así mismo, algunas prácticas representativas de procesos industriales como son la prácticas 10, 11 y 12; y otros experimentos que pretenden a su vez mostrar la utilidad de los compuestos inorgánicos en otras ramas de la ciencia, como es la química analítica, utilizando técnicas básicas como las volumetrías para la determinación de diferentes analitos. Se trata en todos los casos de experimentos asequibles para alumnos de los primeros cursos, y adaptadas a los tipos de espacios y tiempos disponibles en los cursos básicos de titulaciones experimentales.

La estructura de las prácticas pretende que el alumno tras la lectura de la introducción y el apartado de fundamentos teóricos disponga de la información y el interés necesarios para abordar con éxito la consecución de los objetivos planteados en cada práctica. Los siguientes apartados son una recopilación del material y de los reactivos necesarios en el experimento. La descripción del procedimiento experimental pretende guiar de un modo claro al alumno a través del mencionado experimento, haciendo mención a las distintas dificultades y precauciones especiales en cada punto. Los últimos apartados, en los que se exponen y tratan los distintos resultados obtenidos y se responden distintas cuestiones, pretenden que el alumno llegue a conclusiones claras y compruebe que ha asimilado todos los conocimientos teóricos y prácticos necesarios.

2. MEDIDAS DE SEGURIDAD

2. NORMAS BÁSICAS PARA EL TRABAJO DE LABORATORIO

2.1. Introducción

El trabajo en el laboratorio siempre implica riesgos, ya sea por la realización de reacciones químicas, la liberación de energía o la naturaleza de las sustancias que se manipulan. Por ello, toda persona que trabaje en un laboratorio debe asumir una serie de precauciones o normas básicas que le garanticen su seguridad de forma permanente.

2.2. Normas básicas

1. La organización del laboratorio: instalaciones de gases, distribución del mobiliario, salida de emergencia, botiquín, elementos de protección general (duchas de seguridad y fuentes lavaojos, extintores y mantas ignifugas) etc. debe conocerse en detalle antes de iniciar el trabajo.
2. Cuando se realicen operaciones de riesgo las personas implicadas deben conocer perfectamente dichos riesgos.
3. No esta permitido comer ni beber en el laboratorio.
4. Deberá tenerse en cuenta los procesos establecidos para la eliminación de residuos.

2.2.1. Hábitos personales

1. Utilizar gafas de seguridad y evitar el uso de lentillas.
2. Utilizar los guantes adecuados para cada tarea (Ej. látex y guantes para estufas).
3. Lavarse las manos antes de abandonar el laboratorio.
4. Llevar el pelo recogido.
5. Evitar el uso de pulseras, colgantes o ropa que pueda engancharse con los montajes propios del laboratorio.
6. No abandonar objetos personales en las áreas de trabajo.

2.2.2. Hábitos de trabajo

7. Utilizar la vitrina o campana extractora siempre que sea posible, y siempre que el monitor así lo recomiende.
8. No llenar los tubos de ensayo por encima de la mitad de su capacidad.
9. Calentar los tubos de ensayo ladeados y utilizando pinzas, no dirigir el extremo abierto hacia las zonas donde haya otros compañeros o monitores.
10. Utilizar siempre gradillas y soportes adecuados.
11. No guardar material de vidrio en los bolsillos de la bata.
12. No oler los productos químicos.

13. No tocar con las manos, y mucho menos probar los productos químicos.
14. En ningún caso debe pipetearse con la boca. Deben utilizarse las peras de succión u otros sistemas disponibles en el laboratorio.
15. Al final del turno asegurarnos de la desconexión de placas calefactoras, mecheros, grifos, etc.
16. En caso de derrame de algún producto químico, interrumpir el trabajo, informar a otras personas y solicitar ayuda, para poder limpiar inmediatamente y de modo adecuado dicho derrame.

2.2.3. Etiquetado e identificación de productos químicos

17. Comprobar el etiquetado de recipientes y botellas con un doble objetivo: conocer la toxicidad y riesgos potenciales del reactivo y adquirir la información técnica necesaria (densidad, porcentaje en peso, peso molecular, etc.) para afrontar el experimento en curso. (Anexo II)
18. Etiquetar debidamente las disoluciones y productos preparados en el laboratorio.
19. En ningún caso sobrescribir sobre etiquetas o anotaciones previas.

2.2.4. Desplazamiento y trasvase de productos químicos

20. Evitar el traslado de grandes cantidades de reactivos, así como de muchos productos al mismo tiempo.
21. No llevar los productos pegados al cuerpo.
22. Trasvasar los productos químicos necesarios para los experimentos en las zonas habilitadas para ello, siempre cantidades pequeñas.
23. Evitar verter productos químicos directamente de la botella. Colocarlos primero en un recipiente, debidamente etiquetado, que permita conocer la cantidad a utilizar. Si sobra, no devolver nunca el exceso de muestra a la botella original.
24. Prevenir vertidos utilizando embudos, goteros, etc.

2.2.5. Material, productos y reacciones químicas

25. Trabajar en las zonas de trabajo establecidas, mesas individuales, mesas comunes para el trasvase de reactivos y campanas de extracción cuando el monitor así lo indique.
26. Las zonas de trabajo deben estar despejadas, deben evitarse en todo momento aglomeraciones en las zonas comunes.
27. El material de trabajo debe estar en perfecto estado y limpio. En el caso del material de vidrio debe tratarse de vidrio pirex, sin aristas ni zonas que puedan resultar peligrosas.
28. El material de vidrio debe lavarse con agua jabonosa y enjuagarse adecuadamente con agua corriente antes de su uso, finalmente debe

enjuagarse con una pequeña cantidad de agua destilada disponible en el laboratorio.

29. El material de vidrio debe sujetarse firmemente pero sin tensiones. En los montajes de laboratorio las uniones esmeriladas deben estar convenientemente engrasadas. No forzar la separación de elementos de vidrio que hayan quedado encajados.

30. El material de vidrio no debe calentarse directamente a la llama. En cualquier caso es necesario comprobar la temperatura del mismo antes de manipularlo.

31. Los montajes experimentales deben instalarse con precaución, es necesario verificar si el montaje es correcto antes de empezar el experimento. Para desmontar los sistemas debemos asegurarnos de que se encuentran a una temperatura adecuada, si se han sometido a calentamiento.

32. Los envases que contengan productos químicos deben estar siempre cerrados, y mantenerse cerrados después de su uso.

33. Añadir y mezclar los reactivos con precaución y sin prisas. Cuando se realicen mezclas es necesario conocer de antemano las posibles incompatibilidades de los productos evitando reacciones violentas, desprendimiento de gases tóxicos, etc.

34. Ante cualquier reacción química es necesario vigilar los posibles cambios de temperatura.

35. Frente a las operaciones con vacío, utilizar recipientes de vidrio adecuados y pasar de vacío a presión atmosférica de forma gradual para evitar implosiones.

36. Al desarmar un equipo que estuvo sometido a vacío, es necesario asegurarse de que se ha recuperado la presión atmosférica.

37. Verificar el estado de las trampas al emplear una bomba de vacío.

38. Si se utiliza una trompa de agua para realizar vacío, siempre debe cerrarse primero el grifo, en caso contrario puede haber un retorno de agua al recipiente.

2.2.6. Eliminación de Residuos

39. Utilizar los recipientes disponibles en el laboratorio para la eliminación de residuos generados durante los experimentos. En ningún caso verterlos directamente a la pila.

40. Almacenar los residuos sólidos en un lugar específico y adecuado, disponible en el laboratorio.

41. No acumular residuos de ningún tipo.

42. No mezclar en los mismos recipientes de basura papeles impregnados con productos químicos incompatibles.

43. El material de vidrio defectuoso debe desecharse, en el contenedor disponible para ello.

2.2.7. Actuación en caso de accidente

Al enfrentarnos a un accidente, la decisión más importante es determinar la gravedad del suceso. Si es de poca gravedad podemos optar por resolverlo dentro del laboratorio. Siempre es necesario dar la alarma, aun tratándose de un incidente menor.

Vertidos.

Líquidos inflamables. Absorber con carbón activo o productos específicos.

Ácidos: neutralizar con hidrogeno carbonato o productos específicos para su neutralización y absorción.

Bases: Emplear productos específicos para su neutralización y absorción. Si no se dispone de ellos puede utilizarse abundante agua con pH ligeramente ácido.

Otros líquidos no corrosivos ni inflamables: absorber con serrín.

Salpicaduras.

En piel y ojos: lavar con abundante agua. Acudir al médico.

En batas y ropa: Debe quitarse la ropa, lavándola o colocarse bajo la ducha. En caso de contacto con la piel, acudir al médico.

Incendio.

Dar la alarma ante cualquier incendio.

Apagar los pequeños focos, sin utilizar agua.

Utilizar el extintor adecuado.

Si se prende fuego a la ropa utilizar la ducha o una manta ignifuga.

Evacuar el laboratorio, cerrando las puertas al salir.

Quemaduras

Por llama: no apagar nunca las llamas sobre el accidentado con agua. Una vez apagadas se aplicará agua para refrigerar la zona afectada. Cubrir la zona con paños húmedos y acudir al médico.

Eléctricas: Cortar la corriente en condiciones seguras, poner sobre la quemadura un apósito estéril y acudir al médico.

Químicas: Retirar el producto químico de la piel, lavar la zona con abundante agua de 20 a 30 minutos, retirando cualquier objeto en contacto con la piel. Acudir al médico.

Intoxicación

Ingestión.

Ácido: beber una disolución de hidrogeno carbonato.

Base: ingerir bebidas ácidas.

No provocar el vomito salvo indicación expresa.

Acudir al médico con la etiqueta del producto.

Inhalación.

Colocar al accidentado en una zona aireada, obtener información sobre el producto inhalado y acudir al médico.

Vía cutánea.

Lavar la zona afectada retirando la ropa y objetos en contacto con la piel. No aplicar pomadas ni otros productos. Obtener información sobre el producto responsable y acudir al médico.

2.3. Bibliografía

Técnicas de Organización y Seguridad en el laboratorio. Ed. Síntesis. C. M. Rodríguez Pérez, J.L. Ravelo Socas, J.M. Palazón López.

3. PRÁCTICAS

1. DIAGRAMAS DE LATIMER Y FROST

1.1. Introducción

Un gran número de reacciones químicas transcurren con la pérdida formal de electrones de un átomo y la ganancia de estos por otro. La ganancia de electrones recibe el nombre de *reducción* y la pérdida de electrones *oxidación*. El proceso global se denomina oxido-reducción o reacción *redox*. La especie que suministra electrones es el *agente reductor* (especie que se oxida) y la que los gana es el *agente oxidante* (especie que se reduce).

Una reacción redox se puede, por tanto, considerar como la suma de dos semirreacciones en la que cada semirreacción contribuye con cierto valor de energía libre a la energía libre total. El valor de energía libre se puede calcular a partir de una celda voltaica, en la que es la reacción química la que impulsa la corriente de electrones por el circuito, midiendo la diferencia de potencial entre los electrodos (E) o fuerza electromotriz de la pila (*fem*). No es posible medir el valor absoluto de los potenciales E_{ox} y E_{red} correspondientes a las semirreacciones, porque éstas no ocurren de forma aislada, por ello, se miden los potenciales de las distintas semirreacciones con referencia a una misma semirreacción, la correspondiente al electrodo de hidrógeno, a la que se asigna un E con valor cero en condiciones estándar.

H_2 (g, 1 atm) $\leftrightarrows$ $2H^+$ (1M) + $2e^-$ $E^0(H_2/H^+) = 0,00$ V

$2H^+$ (ac) + $2e^- \rightarrow H_2$ (g)	Semirreacción de reducción
$Zn(s) \rightarrow Zn^{2+}$ (ac) + $2e^-$	Semirreacción de oxidación
$Zn(s) + 2H^+$ (ac) $\rightarrow H_2$ (g) + Zn^{2+} (ac)	Reacción redox global

En las tablas de potenciales estándar aparecen las especies ordenadas generalmente en orden decreciente de potencial, esto implica que las sustancias con potenciales positivos altos son buenas especies oxidantes, capaces de oxidar a todos aquellas especies que tienen por debajo en la tabla, evidentemente estas especies se reducen.

Para una reacción:

$$aA + bB \leftrightarrows cC + dD$$
$$\Delta G = \Delta G^0 + RT\ln Q$$
$$\Delta G^o = -nFE^0$$

Siendo ΔG^0 la variación de energía libre para la reacción cuando reactivos y productos están en condiciones estándar (actividad = 1), Q el cociente de reacción, n el número de electrones que entran en juego, y E^0 potencial de la pila en cuestión en condiciones estándar.

1.2. Objetivos

1. Aprender a construir e interpretar los diagramas de Latimer y Frost.
2. Determinar la estabilidad termodinámica de los distintos estados de oxidación de los metales.
3. Realizar experimentos sencillos de oxidación-reducción en disolución acuosa para distintos metales.
4. Utilizar la cromatografía en columna para la separación de compuestos con diferentes estados de oxidación.

1.3. Fundamento teórico

Existen dos formas de representar la estabilidad termodinámica de los estados de oxidación de los elementos en disolución acuosa, los diagramas de Latimer y Frost restringidos normalmente a los dos extremos de pH (0 y 14).

El diagrama de Latimer representa el valor del potencial estándar sobre una línea recta que conecta especies de un elemento en distintos estados de oxidación. La forma más oxidada del elemento se escribe en la parte izquierda, y hacia la derecha, aparecen, sucesivamente los estados de oxidación inferiores. Como ejemplo, se muestra a continuación el diagrama de Latimer para el cloro en disolución ácida.

$$\begin{array}{ccccccccccc} ClO_4^- & \xrightarrow{+1,20} & ClO_3^- & \xrightarrow{+1,18} & ClO_2^- & \xrightarrow{+1,65} & HClO & \xrightarrow{+1,63} & Cl_2 & \xrightarrow{+1,36} & Cl^- \\ +7 & & +5 & & +3 & & +1 & & 0 & & -1 \end{array}$$

La conversión del diagrama de Latimer en una semirreacción implica su ajuste, incluyendo las especies presentes en la disolución acuosa ácida (H^+ y H_2O).

$$ClO_4^- \text{ (ac)} + 2H^+ \text{ (ac)} + 2e^- \rightarrow ClO_3^- \text{ (ac)} + H_2O \text{ (l)} \qquad E^0 = +1,20 \text{ V}$$

Los diagramas de Latimer contienen información suficiente para poder deducir los potenciales estándar de pares no contiguos. Para ello se hace uso de la siguiente expresión:

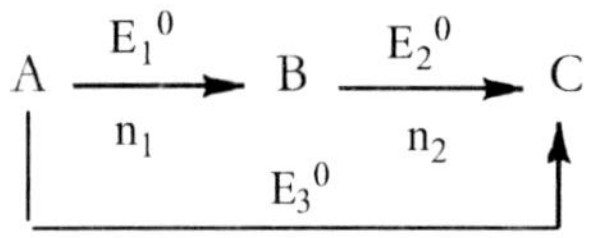

$$\Delta G_3^0 = \Delta G_2^0 + \Delta G_1^0$$

$$\Delta G_3^0 = -n_2 F E_2^0 - n_1 F E_1^0 = -(n_2 + n_1) F E_3^0$$

$$E_3^0 = \frac{n_2 E_2^0 + n_1 E_1^0}{n_2 + n_1}$$

Por ejemplo, es posible utilizar el diagrama de Latimer del cloro en disolución ácida para calcular el valor de E^0 para la reducción del HClO a Cl^-:

$$HClO \text{ (ac)} + H^+ \text{ (ac)} + 2e^- \rightarrow Cl^- \text{ (ac)} + H_2O \text{ (l)}$$

$$E_1^0 = +1{,}63V; n_1 = 1 \text{ y } E_2^0 = +1{,}36V; n_2 = 1$$

$$E^0(HClO/Cl^-) = \frac{1{,}63 + 1{,}36}{2} = 1{,}50V$$

El diagrama de Latimer muestra, también, las especies para las cuales la desproporción es espontánea: "una especie tiende a desproporcionar espontáneamente si el potencial a la derecha de la especie es mayor que el que se encuentra a su izquierda". Si se observa el diagrama de Latimer para el cloro en medio ácido se observa que E^0 (ClO_2^-/HClO) > E^0 (ClO_3^-/ClO_2^-), y por tanto, la especie ClO_2^- tiende a desproporcionar. Se puede demostrar el fundamento de la regla considerando las dos semirreacciones:

ClO_3^- (ac) + $2H^+$ (ac) + $2e^-$ → ClO_2^- (ac) + H_2O (l) $\qquad E_1^0 = +1{,}18$ V
ClO_2^- (ac) + $3H^+$ (ac) + $2e^-$ → HClO (ac) + H_2O (l) $\qquad E_2^0 = +1{,}65$ V

ClO_2^- (ac) + H_2O (l) → ClO_3^- (ac) + $2H^+$ (ac) + $2e^-$ $\qquad -E_1^0 = -1{,}18$ V
ClO_2^- (ac) + $3H^+$ (ac) + $2e^-$ → HClO (ac) + H_2O (l) $\qquad E_2^0 = +1{,}65$ V

$2ClO_2^-$ (ac) + H^+ (ac) + $2e^-$ → ClO_3^- (ac) + HClO (ac)

$E^0_{reacción}$ = E^0 (ClO_2^-/HClO) – E^0 (ClO_3^-/ClO_2^-) = 1,65 – 1,18 = 0,47 V
$E^0 > 0 \rightarrow \Delta G^0 < 0$, reacción espontánea

Un diagrama de Frost para un elemento X consiste en la representación de nE^0 para un par X(n)/X(0) frente al número de oxidación, n, del elemento. Como nE^0 es proporcional a la energía libre estándar de la reacción de conversión de la especie X(n) a X(0), se puede considerar también que el diagrama de Frost es una representación de la energía libre estándar de formación frente al número de oxidación.

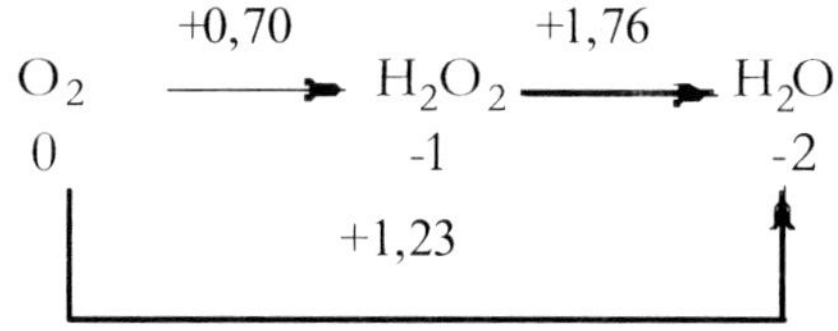

Como ejemplo, a continuación, se construirá un diagrama de Frost para el oxígeno a partir del diagrama de Latimer, en medio ácido: Para el cambio de O_2 a H_2O_2, del número de oxidación de 0 a –1, n= -1 y, por lo tanto, nE^0 = -0,70V. Para el cambio de O_2 a H_2O, de 0 a -2, n = -2, y por lo tanto, $nE^0 = -2 \times 1{,}23 = -2{,}46$ V

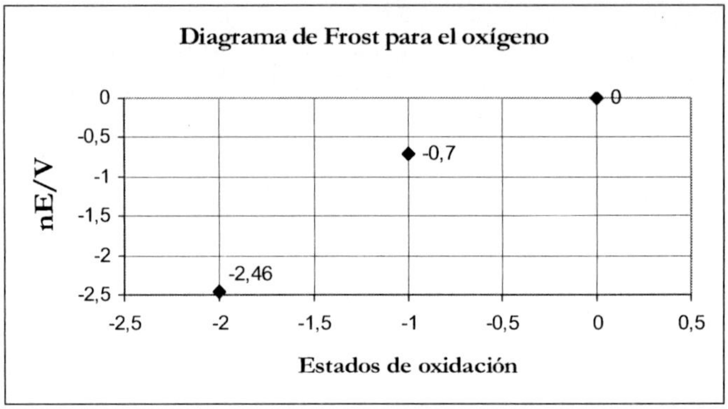

Figura 1.1. Diagrama de Frost para el oxígeno

La pendiente de la línea que une dos puntos cualesquiera en un diagrama de Frost es igual al potencial estándar del par formado por las dos especies que representan los dos puntos. Por ejemplo, en el punto correspondiente al estado de oxidación –1 para el diagrama de Frost, en medio ácido, nE^0 = -0,70, y en el estado de oxidación -2, nE^0 =-2,46, luego la diferencia Δy es de –1,76. La variación del número de oxidación al pasar de H_2O a H_2O_2 es de Δn = -1 (Δx), por lo tanto, m =$\Delta y/\Delta x$ = (-1,76/-1) = +1,76 V que concuerda con el valor de E^0 del par H_2O_2/H_2O en el diagrama de Latimer.

Los diagramas de Frost nos permiten predecir las tendencias de las propiedades químicas de las distintas especies. Para interpretar las informaciones cualitativas contenidas en un diagrama de Frost se deben tener en cuenta los siguientes aspectos:

i) La especie más estable es la que se encuentra más abajo en el diagrama de Frost (Fig. 1.2.a).

ii) Cuanto mayor sea la pendiente de la línea que une dos puntos del diagrama, mayor será el potencial del par. Por ello, se puede deducir la espontaneidad de una reacción entre dos pares cualesquiera comparando las líneas correspondientes. Se tendrá que el agente oxidante (especie oxidada) del par con pendiente más positiva (mayor valor de E^0) se reducirá y el agente reductor (especie reducida) del par con pendiente menos positiva (menor valor de E^0) se oxidará (Fig. 1.2.b).

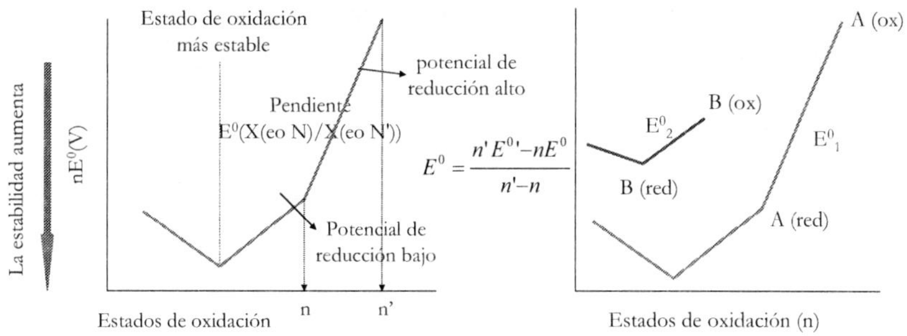

(a) **(b)**

Figura 1.2. Diagramas de Frost.

$A(ox) + ne^- \rightarrow A(red)$	E_1^0	Reducción
$B(ox) + ne^- \rightarrow B(red)$	E_2^0	Oxidación

En función del diagrama de Frost: $E_1^0 > E_2^0$

Reacción global $A(ox) + B(red) \rightarrow A(red) + B(ox)$; $E^0 = E_1^0 - E_2^0 > 0$

$\Delta G < 0$ espontánea

iii) En un diagrama de Frost, se puede deducir que un ión o molécula es inestable con respecto a su desproporción si se encuentra por encima de la línea que une dos especies contiguas (Fig. 1.3).

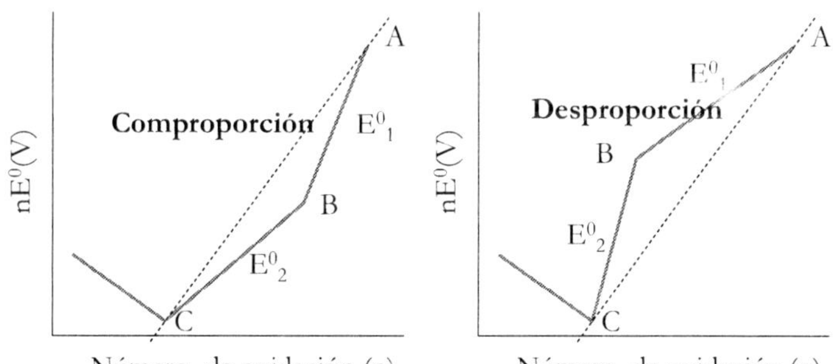

Figura 1.3. Diagramas de Frost.

La energía ΔG^0 de la especie intermedia está por encima del valor medio de las dos especies terminales, lo que significa que es inestable frente a su desproporción (Fig. 1.3).

$A \rightarrow B$ E_1^0

$B \rightarrow C$ E_2^0

$2B \rightarrow A + C$ $E^0 = E_2^0 - E_1^0 > 0$; Espontánea.

Dos especies tienden a comproporcionar en una especie intermedia si se encuentra por debajo de la línea de unión que las une, la energía libre de esta especie es más baja que el valor medio de las otras dos

A→B E_1^0
B→C E_2^0
A+C→2B $E^0 = E_1^0 - E_2^0 > 0$; Espontánea.

Por ejemplo, el NH_4NO_3 se compone de dos iones en los cuales el nitrógeno presenta distinto número de oxidación: -3 (NH_4^+) y +5 (NO_3^-). Como en el N_2O el átomo de nitrógeno posee un número de oxidación medio a los anteriores (+1) y se observa que está por debajo de la línea del NH_4^+ y NO_3^-, su comproporción está permitida por la termodinámica (Fig. 1.4).

$$NH_4^+ (ac) + NO_3^- (ac) \rightarrow N_2O (g) + 2H_2O$$

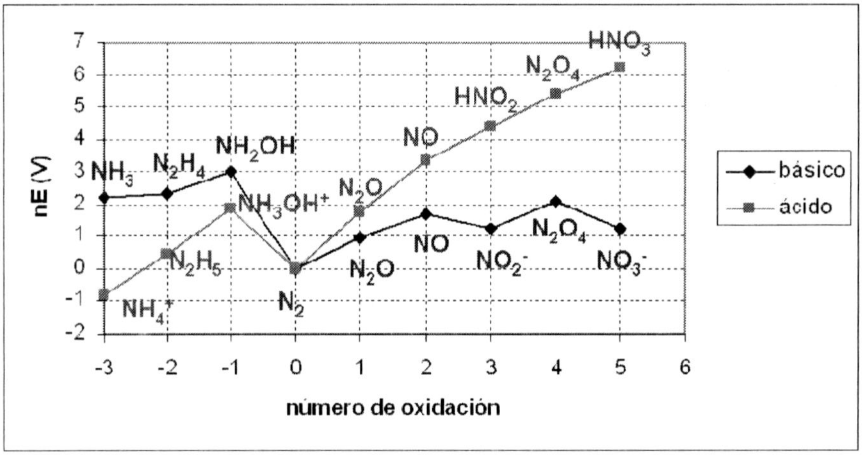

Figura 1.4. Diagrama de Frost para el nitrógeno.

La reacción está cinéticamente inhibida en disolución diluida, y no se produce normalmente. Sin embargo, en estado sólido es tan rápida que pueden incluso producirse explosiones. De hecho, el NH_4NO_3 se usa con frecuencia en lugar de la dinamita para explosionar rocas.

Un diagrama de Frost a menudo da una mejor idea de la termodinámica de una oxidación y reducción de un elemento, mientras que un diagrama de Latimer es más útil para llevar a cabo cálculos sobre el sistema en cuestión.

1.4. Aparatos y material

Arena de mar
Balanza analítica
Baño de agua
Columna de cromatografía
Gradilla
Lana de vidrio
Matraces aforados de 10 y 100 mL
Pipeta Pasteur con tetina de goma
Pipetas de 5 y 10 mL
Placa calefactora
Placas petri
Soporte o pie
Resina de intercambio iónico (Dowex® 50W-X2-200)
Tubos de ensayo
Varilla de vidrio
Vasos de precipitados de 100 y 250 mL
Vidrio de reloj o pesasustancias

1.5. Reactivos

Ácido clorhídrico
Ácido sulfúrico
Agua destilada
Dicromato de potasio
Hidrogenosulfito de sodio
Hidróxido de potasio
Isotiocianato de potasio
Oxalato de sodio
Permanganato de potasio
Peróxido de hidrógeno
Sulfato de hierro(II)
Sulfato de manganeso(II)
Sulfato de sodio
Sulfito de sodio
Vanadato de amonio

1.6. Procedimiento experimental

1.6.1. Precauciones a tener en cuenta

1. La preparación de disoluciones de ácidos y bases y su manipulación debe realizarse con la máxima precaución.

1.6.2. Preparación de disoluciones

Disolución de H_2O_2 6 % (p,p). Se toman 20 mL de peróxido de hidrógeno comercial (30%), se transfieren a un matraz aforado de 100 mL y se completan con agua destilada hasta el enrase. El matraz se agita hasta homogeneizar la disolución.

Disolución de H_2SO_4 6 M. Se pipetean 32,6 mL de ácido sulfúrico (ρ = 1,84 g/mL, 98%) sobre un vaso de precipitados con unos 20 mL de agua destilada. La mezcla se transfiere a un matraz aforado de 100 mL y se enrasa con agua destilada, el matraz se agita hasta homogeneizar la disolución.

Disolución de $KMnO_4$ 0,5 M. Se pesan 7,9 g (158,03 g/mol) de $KMnO_4$ y se disuelven en 80 mL de agua en un vaso de precipitados. La mezcla se transfiere a un matraz aforado de 100 mL y se enrasa con agua destilada. El matraz se agita hasta homogeneizar la disolución.

Disolución de $KMnO_4$ 0,001 M. Se pipetean 0,2 mL de la disolución de $KMnO_4$ 0,5 M previamente preparada sobre un matraz aforado de 100 mL y se enrasa con agua destilada, el matraz se agita hasta homogeneizar la disolución.
Disolución de $MnSO_4$ 0,5 M. Se pesan 8,45 g (169,02 g/mol) de $MnSO_4 \cdot H_2O$ y se disuelven en 80 mL de agua en un vaso de precipitados. La mezcla se transfiere a un matraz aforado de 100 mL y se enrasa con agua destilada. El matraz se agita hasta homogeneizar la disolución.
Disolución de Na_2SO_3 0,5 M. Se pesan 6,3 g (126,04 g/mol) de Na_2SO_3 y se procede de manera similar al apartado anterior.
Disolución de KOH 6 M. Se pesan 39,5 g (56,01 g/mol, 85%) de KOH y se disuelven en 80 mL de agua en un vaso de precipitados. La mezcla, una vez fría, se transfiere a un matraz aforado de 100 mL y se enrasa con agua destilada. El matraz se agita hasta homogeneizar la disolución.
Disolución de KOH 50 %. Se pesan 58,8 g (56,01 g/mol, 85%) de KOH y se procede de manera similar al apartado anterior.
Disolución de KOH 2%. Se pipetean 4 mL de la disolución de KOH al 50% preparada previamente sobre un matraz aforado de 100 mL y se enrasa con agua destilada, el matraz se agita hasta homogeneizar la disolución.
Disolución de $K_2Cr_2O_7$ 0,5 M. Se pesan 14,7 g (294,18 g/mol) de $K_2Cr_2O_7$ y se disuelven en unos 80 mL de agua destilada. La mezcla se transfiere a un matraz aforado de 100 mL y se completa con agua destilada hasta el enrase. El matraz se agita hasta homogeneizar la disolución.
Disolución de $FeSO_4$ 0,5 M. Se pesan 13,9 g (278,01 g/mol) de $FeSO_4 \cdot 7H_2O$ y se procede de manera similar al apartado anterior.
Disolución de HCl 3 M. Se pipetean 26,3 mL de HCl (ρ= 1,19 g/mL, 35%) sobre un vaso de precipitados con unos 20 mL de agua destilada. La mezcla se transfiere a un matraz aforado de 100 mL y se enrasa con agua destilada, el matraz se agita hasta homogeneizar la disolución.
Disolución de HCl 1 M. Se pipetean 10,8 mL de HCl (ρ= 1,19 g/mL, 35%) sobre un vaso de precipitados con 20 mL de agua destilada. La mezcla se transfiere a un matraz aforado de 250 mL y se enrasa con agua destilada, el matraz se agita hasta homogeneizar la disolución.
Disolución de HCl 0,4 M. Se pipetean 100 mL de la disolución de HCl 1 M previamente preparada sobre un matraz aforado de 100 mL y se enrasa con agua destilada, el matraz se agita hasta homogeneizar la disolución.

1.6.3. Reacciones con permanganato de potasio en medio ácido y neutro

1. Colocar en una placa petri (o en un tubo de ensayo) aproximadamente 1 mL de una disolución 0,5 M de $KMnO_4$, adicionar unas gotas de H_2SO_4 6 M y añadir gota a gota aproximadamente 1 mL de una disolución de H_2O_2 al 6%.
2. Colocar en una placa petri aproximadamente 1 mL de una disolución 0,5 M de $KMnO_4$ y añadir gota a gota aproximadamente 1 mL de una disolución 0,5 M de $MnSO_4$. Observar detenidamente los cambios que se producen a lo largo de la reacción.

1.6.4. Reacciones con permanganato de potasio en medio básico

1. Colocar en un tubo de ensayo 1 mL de disolución 0,5 M añadir 1 mL de agua y KOH en gránulos o lentejas, aproximadamente 0,1 g.
2. Colocar en una placa petri 1 mL de disolución 0,5 M de $KMnO_4$, adicionar unas gotas de KOH 6 M y añadir gota a gota, aproximadamente, 1 mL de una disolución 0,5 M de Na_2SO_3.
3. Colocar en una placa petri 1 mL de disolución 0,5 M de $KMnO_4$, adicionar unas gotas de KOH al 50% y añadir gota a gota, aproximadamente, 1 mL de una disolución de Na_2SO_3 al 2%.

1.6.5. Reacciones con dicromato de potasio

1. Colocar en una placa petri aproximadamente 20 mg de $Na_2C_2O_4$ sólido, unas gotas de H_2SO_4 6 M y añadir gota a gota, aproximadamente, 1 mL de una disolución 0,5 M de $K_2Cr_2O_7$. Calentar suavemente el tubo en un baño de agua.
2. Colocar en una placa petri 1 mL de disolución 0,5 M de $FeSO_4$ y unas gotas de H_2SO_4 6 M, añadir gota a gota, aproximadamente, 1 mL de una disolución 0,5 M de $K_2Cr_2O_7$ y transcurrido un tiempo 1 gota de KSCN.
3. Colocar en una placa petri 1 mL de KI, adicionar unas gotas de H_2SO_4 6 M y añadir gota a gota, aproximadamente, 1 mL de una disolución 0,5 M de $K_2Cr_2O_7$. Calentar suavemente el tubo en un baño de agua.
4. Colocar en una placa petri 20 mg de $NaHSO_3$ y añadir gota a gota, aproximadamente, 1 mL de una disolución 0,5 M de $K_2Cr_2O_7$, previamente acidificada con H_2SO_4 6 M.

1.6.6. Reacciones con Vanadato de amonio

Antes de iniciar el trabajo experimental es importante preparar una columna de cromatografía. Para ello se utiliza una columna de cromatografía de vidrio de 120 mL de capacidad con placa porosa y llave de teflón. Ésta se sujeta mediante una pinza a un pie soporte y se añaden un par de gramos de arena de mar, en el fondo de la columna, justo encima de la placa porosa. La columna de cromatografía, con la llave cerrada, se rellena con una suspensión acuosa de una resina de intercambio iónico, preparada a partir de 10 gramos de resina y 50 mL de agua destilada, utilizando un embudo de vidrio y golpeando ligeramente con los dedos para conseguir un mejor empaque, entonces se abre la llave y se elimina el exceso de disolvente, con cuidado de no dejar la resina sin disolvente. El proceso continua hasta llenar la columna unos 10 cm de altura. Finalmente, la resina se lava con agua destilada hasta obtener las fracciones de lavado completamente limpias.

En este momento en una campana de extracción de gases se añaden 2,0 mL de HCl concentrado a 0,2 g de NH_4VO_3 en un vaso de precipitados de 50 mL. La mezcla se calienta en un baño de agua hirviendo durante 5 minutos. A continuación, se añaden 10 mL de agua destilada y la disolución resultante se agita con una varilla de vidrio, observándose un cambio de color de amarillo a verde.

La disolución verde obtenida se deposita en la columna, con mucho cuidado, utilizando una varilla de vidrio de modo que el nivel de líquido quede unos 3 cm por encima de la resina. Se añade HCl 0,4 M, unos 5 mL, y se abre la llave de la columna para recoger el disolvente y para que se adsorba la muestra; con cuidado, y con el fin de que la columna no se seque nunca se continúa añadiendo HCl 0,4 M. En la columna se observará la aparición de dos bandas, la superior coloreada en azul (puede verse verde por el efecto de la columna) y la inferior amarilla (puede no verse por efecto de la columna).

Cuando el eluyente toma tonalidad amarilla se recogen en tubos de ensayo fracciones de aproximadamente 5 mL. Cuando el color del eluyente cambia a azul, se cambia a HCl 1,0 M como eluyente y nuevamente se recogen en tubos de ensayo fracciones de 5 mL.

Una vez terminado el proceso de separación, es decir, cuando el eluyente es nuevamente incoloro, se combinan las fracciones de color azul, en un vaso de precipitados y, también, las fracciones de color amarillo (las fracciones de tonalidad amarillo verdosa o azul verdosa deben eliminarse).

Una fracción de 25 mL de la disolución azul se transfiere a un vaso de precipitados que contiene 3 g de zinc en polvo. La suspensión resultante se agita con una varilla de vidrio hasta que se observe un cambio de color de azul a verde y definitivamente a morado. La mezcla se filtra utilizando un embudo cónico y un filtro de pliegues y se recoge la disolución morada en un vaso de precipitados.

Una vez separados los cationes de vanadio en función de sus diferentes estados de oxidación se pipetea una fracción de 1 mL de cada una de las disoluciones a un tubo de ensayo. Se compara el color de los diferentes tubos de ensayo de la gradilla y se les adiciona a cada uno, gota a gota, 1 mL de una disolución de $KMnO_4$ 0,001 M. El procedimiento se repite pero utilizando agua de yodo como reactivo.

1.7. Resultados

1. Explicar las observaciones encontradas en el experimento 1.6.3. y 1.6.4. Reactividad del permanganato de potasio.
2. Explicar las observaciones encontradas en el experimento 1.6.5. Reactividad del dicromato de potasio.
3. Explicar las observaciones encontradas en el experimento 1.6.6. Reacciones con vanadato de amonio.
4. ¿Qué iones de vanadio se obtienen en el experimento 1.6.6? ¿Qué color corresponde a cada estado de oxidación?
5. ¿Por qué se separan los cationes de vanadio al utilizar una resina de intercambio iónico?

1.8. Cuestiones

1. Construir el diagrama de Frost para el manganeso en medio ácido y básico a partir de los diagramas de Latimer.
2. Construir el diagrama de Frost para el cromo en medio ácido a partir de los diagramas de Latimer.
3. Construir el diagrama de Frost para el vanadio en medio ácido a partir de los diagramas de Latimer.
4. En función de los diagramas de Latimer para el cloro a pH 0 y pH 14. ¿el cloro dismutará a cloruro e hipoclorito a pH = 14? ¿el perclorato dismutará a pH = 0? ¿y a pH = 14? ¿Por qué en el diagrama a pH = 0 aparecen, entre otras especies, el ácido hipocloroso y el perclorato y en cambio en el diagrama a pH = 14 aparece el hipoclorito y sigue apareciendo el perclorato? ¿el cloro dismutará a cloruro y ácido hipocloroso a pH = 0?
5. Un alumno de química inorgánica, decide participar en la limpieza del piso que comparte, compra un desinfectante clorado que, según la etiqueta, está formado por una mezcla de hipoclorito y cloruro de sodio. Para aumentar su poder desinfectante lo mezcla con un buen ácido, como por ejemplo el ácido clorhídrico, como consecuencia termina en el hospital. Empleando reacciones completas y ajustadas decide qué sustancia les ha causado las lesiones y justifica su emisión.
6. Dados los potenciales estándar de reducción para el americio en medio básico:
   a. Dibujar el diagrama de Latimer
   b. Calcular el potencial del par Am^{4+}/Am^{3+}
   c. Dibujar el diagrama de Frost indicando en cada caso el valor de la ordenada
   d. Calcular la constante de equilibrio de la reacción:

$$2AmO_2^+ + 4H^+ \rightarrow Am^{4+} + 2H_2O$$

Semirreacción de reducción	E^0(V)
$AmO_2^{2+} + e^- \rightarrow AmO_2^+$	1,59
$AmO_2^+ + 4H^+ + e^- \rightarrow Am^{4+} + 2H_2O$	0,82
$Am^{3+} + 3e^- \rightarrow Am$	-2,07
$AmO_2^+ + 4H^+ + e^- \rightarrow Am^{3+} + 2H_2O$	1,72

7. En base a los diagramas de Latimer en medio ácido que se muestran a continuación, indica cuál de las siguientes afirmaciones es verdadera:

$$IO_3^- \xrightarrow{1,13} HIO \xrightarrow{1,45} I_2$$

$$O_2 \xrightarrow{1,13} H_2O_2 \xrightarrow{0,68} H_2O$$

a En condiciones estándar el O_2 puede oxidar al I_2 a IOH reduciéndose a H_2O_2

b En condiciones estándar el H_2O_2 puede oxidar al I_2 a IOH reduciéndose a agua

c En condiciones estándar el O_2 puede oxidar al IOH a IO_3^- reduciéndose a H_2O_2

d En condiciones estándar el IO_3^- puede oxidar al agua a H_2O_2 reduciéndose a IOH

e Ninguna de las opciones anteriores es correcta.

8. ¿Por qué se eliminan las fracciones amarillo verdosas o azul verdosas en el experimento 1.6.6?

9. ¿En que se fundamenta la técnica de separación mediante columna de cromatografía con una resina de intercambio catiónico?

1.9. Bibliografía

1. Friedel, R. Murray. *J. Chem. Ed.* 1977, 8, 485.

2. J. Martinez de llarduya, F. Villafañe. *J. Chem. Ed.* 1994, 71, 481

3. D.F. Shriver, P.W. Atkins, C. H. Langford. *Inorganic Chemistry*. Oxford University, 1994.

1.10. Anexo

Medio básico.

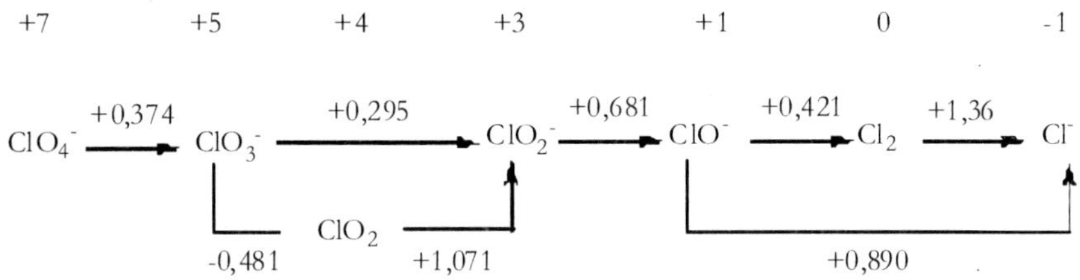

Medio ácido

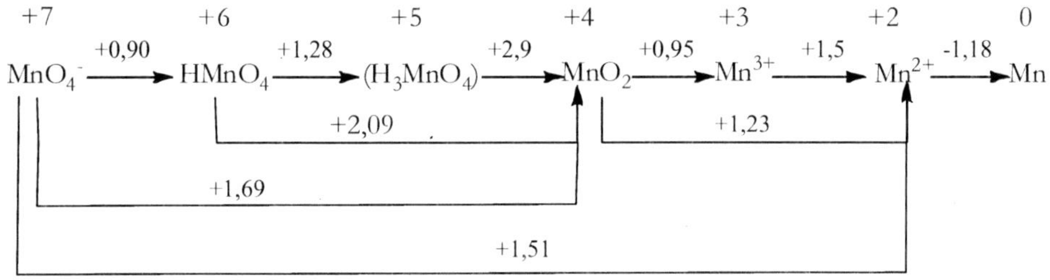

Medio básico

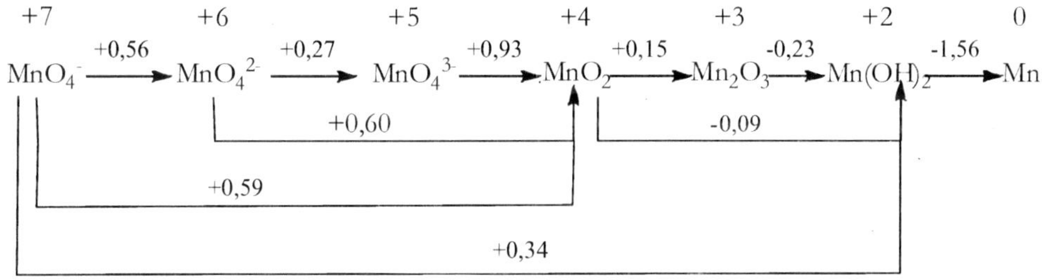

Medio ácido

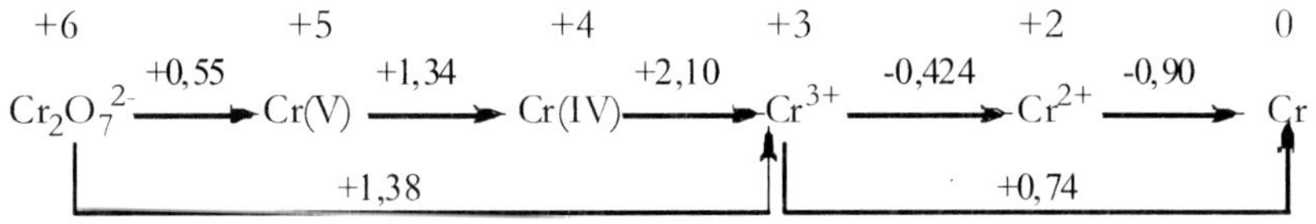

Medio ácido

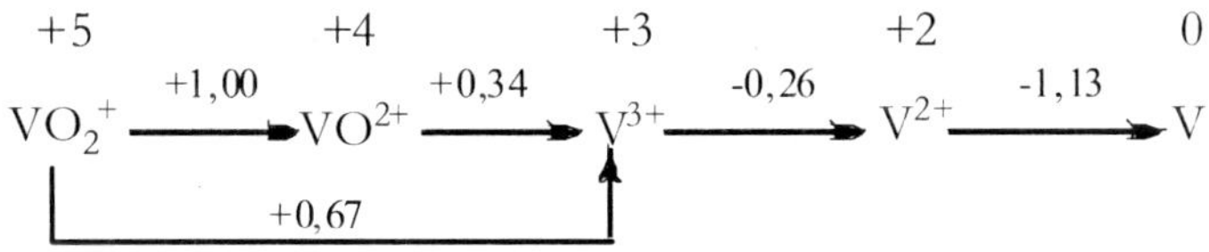

2. ESTUDIO DE LA REACTIVIDAD DE METALES DE LOS GRUPOS PRINCIPALES Y DE TRANSICIÓN

2.1. Introducción

La reactividad de los metales depende de varios aspectos, uno de los principales es el valor del potencial de ionización, aunque los potenciales estándar de reducción también, se utilizan, frecuentemente para explicar su comportamiento. Experimentalmente, es muy útil comparar la reactividad de los metales frente al agua y ácidos inorgánicos, y estudiar las reacciones de desplazamiento de los mismos frente a diferentes sales metálicas; con el fin de construir una serie decreciente de reactividad. Estas series experimentales son muy útiles para predecir los productos obtenidos en diferentes reacciones químicas. Por ejemplo, la diferente reactividad de los metales permite prevenir la oxidación del hierro por recubrimiento con cinc (galvanizado), un metal más reactivo.

La reactividad de un metal condiciona, así mismo, de un modo decisivo el método de extracción de un metal a partir del mineral disponible en la corteza terrestre. Son frecuentes las reacciones de desplazamiento frente a metales más reactivos. Por ejemplo, el cromo se obtiene por reacción del Cr_2O_3 frente a Al, y el titanio por reacción del haluro correspondiente TiX_4 con Na o Mg.

2.2. Objetivos

1. Estudiar y comparar la reactividad de diferentes metales frente al agua.
2. Estudiar y comparar la reactividad de diferentes metales frente a ácidos inorgánicos.
3. Estudiar la reactividad de los metales en reacciones de desplazamiento.
4. Construir una serie de reactividad decreciente de los metales estudiados.

2.3. Fundamento teórico

La posición de un metal en una serie de reactividad nos proporciona información sobre el comportamiento de dicho metal en diferentes reacciones químicas. Cuanto más arriba se encuentre un metal, M, en una serie de reactividad, mayor será su tendencia a formar cationes y, por tanto, más reactivo será (reacción más rápida y exotérmica) en comparación con el resto de metales, que se encuentran por debajo en dicha serie de reactividad.

Una serie de reactividad es también un reflejo de la dirección de una reacción de un metal, M, con otra sal metálica. Si el metal, M, está por encima del metal M' en la serie, tendrá lugar una reacción de desplazamiento.

$$M + M'X \rightarrow M' + MX$$

2.4. Aparatos y material

Cristalizador
Gradilla
Pinzas
Vasos de precipitados de 250 mL
Espátula
Matraces aforados de 100 mL
Tubos de ensayo

1.5. Reactivos

Acido clorhídrico
Aluminio
Cobre
Litio
Nitrato de cobre(II) trihidrato
Nitrato de magnesio hexahidrato
Nitrato de cinc(II) hexahidrato
Potasio
Sulfato de cobre(II) pentahidrato
Sulfato de magnesio heptahidrato
Cinc
Agua destilada
Calcio
Hierro
Magnesio
Nitrato de hierro(III) nonahidrato
Nitrato de plomo(II)
Plomo
Sodio
Sulfato de hierro(II) heptahidrato
Sulfato de cinc(II) heptahidrato

2.6. Procedimiento experimental

2.6.1. Precauciones a tener en cuenta

1. La reacción de potasio y sodio con agua serán realizadas por el monitor.
2. Las sales de plomo son extremadamente tóxicas.
3. En algunos de los experimentos realizados se desprenden gases, se observa la aparición de un precipitado y/o el cambio de color de la disolución. En algunos casos, la ausencia de cambios indica la falta de reacción.

2.6.2. Preparación de disoluciones

Disolución de HCl 3 M. Se pipetean 26,3 mL (36,45 g/mol, ρ = 1,19 g/mL, 35 %) de HCl sobre unos 20 mL de agua destilada en un vaso de precipitados. La disolución se transfiere a un matraz aforado de 100 mL y se enrasa con agua destilada. El matraz se agita hasta homogeneizar la disolución.
Disolución de $Cu(NO_3)_2$ 0,5 M. Se pesan 12,1 g (241,60 g/mol) de $Cu(NO_3)_2 \cdot 3H_2O$ y se disuelven en 60 mL de agua en un vaso de precipitados. La mezcla se transfiere a un matraz aforado de 100 mL y se enrasa con agua destilada. El matraz se agita hasta homogeneizar la disolución.
Disolución de $Fe(NO_3)_3$ 0,5 M. Se pesan 20,2 g (404,00 g/mol) de $Fe(NO_3)_3 \cdot 9H_2O$ y se procede de manera similar al apartado anterior.
Disolución de $Mg(NO_3)_2$ 0,5 M. Se pesan 12,3 g (246,48 g/mol) de $Mg(NO_3)_2 \cdot 6H_2O$ y se procede de manera similar al apartado anterior.

Disolución de $Pb(NO_3)_2$ 0,5 M. Se pesan 16,6 g (331,21 g/mol) de $Pb(NO_3)_2$ y se procede de manera similar al apartado anterior.
Disolución de $Zn(NO_3)_2$ 0,5 M. Se pesan 14,8 g (297,46 g/mol) de $Zn(NO_3)_2 \cdot 6H_2O$ y se procede de manera similar al apartado anterior.
Disolución de $CuSO_4$ 0,5 M. Se pesan 12,5 g (249,68 g/mol) de $CuSO_4 \cdot 5H_2O$ y se procede de manera similar al apartado anterior.
Disolución de $FeSO_4$ 0,5 M. Se pesan 13,9 g (278,02 g/mol) de $FeSO_4 \cdot 7H_2O$ y se procede de manera similar al apartado anterior.
Disolución de $MgSO_4$ 0,5 M. Se pesan 12,3 g (246,48 g/mol) de $MgSO_4 \cdot 7H_2O$ y se procede de manera similar al apartado anterior.
Disolución de $ZnSO_4$ 0,5 M. Se pesan 14,4 g (287,54 g/mol) de $ZnSO_4 \cdot 7H_2O$ y se procede de manera similar al apartado anterior.

2.6.3. Reacciones de los metales con agua fría

1. En la campana extractora y con la máxima precaución, añadir utilizando unas pinzas, un trozo de Li metal, de aproximadamente 0,1 g, sobre unos 200 mL de agua en un cristalizador de 1 L.
2. Repetir la reacción 1 con Na y K metal.
3. Añadir a 6 tubos de ensayo que contengan 3 mL de agua destilada, un trozo de Mg, Al, Fe, Zn, Cu o Pb de aproximadamente 0,1 g.

2.6.4. Reacciones de los metales con agua caliente

1. Añadir utilizando unas pinzas, un trozo de Mg metal, de aproximadamente 0,1 g, sobre unos 200 mL de agua caliente (80 ºC) en un vaso de precipitados de 250 mL.
2. Repetir la reacción 1 con Al metal.
3. Añadir a 3 tubos de ensayo que contengan 3 mL de agua destilada caliente un trozo de Fe, Zn, Cu o Pb de aproximadamente 0,1 g.

2.6.5. Reacciones de los metales con ácido clorhídrico

Añadir a 7 tubos de ensayo que contengan, aproximadamente, 3 mL de HCl 3 M un trozo de Mg, Al, Fe, Cu, Zn y Pb.

2.6.6. Reacciones de desplazamiento

Añadir un trozo un trozo de metal, M, a las distintas disoluciones de nitratos y sulfatos metálicos recogidos en la tabla (3 mL de disolución 0,5 M en un tubo de ensayo).

	Mg	Fe	Cu	Zn	Pb
$Mg(SO_4)$					
$Fe(SO_4)$					
$Cu(SO_4)$					
$Zn(SO_4)$					
$Mg(NO_3)_2$					
$Fe(NO_3)_3$					
$Cu(NO_3)_2$					
$Zn(NO_3)_2$					
$Pb(NO_3)_2$					

2.7. Resultados

1. Explicar las observaciones encontradas en el experimentos de los apartados 2.6.3, 2.6.4, 2.6.5 y 2.6.6. Escribir y ajustar las reacciones químicas que se producen.
2. Construir una serie de reactividad.
3. Justificar los resultados obtenidos en base a la serie de reactividad elaborada.

2.8. Cuestiones

1. A veces la reactividad de Mg o Al no es la esperada ¿Por qué?
2. ¿Por qué no se ha llevado a cabo la reacción de Li, Na y K con HCl?
3. Comparar la serie de reactividad elaborada con otra serie obtenida a partir de la bibliografía. Ofrecer posibles explicaciones si no coinciden las dos series.
4. Buscar los potenciales de ionización de los metales estudiados (Anexo 5). Comparar la información obtenida a partir de la serie de reactividad elaborada y los valores teóricos de potenciales de ionización de los elementos. Ofrecer posibles explicaciones si no coinciden las dos series.
5. Determinar la relación entre la reactividad de los metales y los valores teóricos de potenciales de reducción estándar.
6. Utilizando la bibliografía, ubicar el carbono e hidrogeno en la serie. ¿Qué consecuencias tendrá la posición relativa del metal con respeto al carbono con su posible extracción desde su óxido?
7. En las reacciones de desplazamiento ¿por qué no se han utilizado disoluciones de $Pb(SO_4)$ y $Fe(NO_3)_2$?

2.9. Bibliografía

1. D.M.P. Mingos. *Essential Trends in Inorganic Chemistry*. Oxford University Press, Oxford, 1998.

3. OXOÁCIDOS Y OXOANIONES DE NITRÓGENO Y AZUFRE

3.1. Introducción

Los oxoácidos y oxoaniones de nitrógeno y azufre son combinaciones químicas comunes en nuestra vida cotidiana, desde los óxidos de azufre y nitrógeno, sustancias tóxicas y altamente contaminantes; hasta los sulfatos, sulfitos, nitratos y nitritos, que encontramos incluso en la cadena alimentaria en pequeñas cantidades. Su utilidad es muy grande en muchos campos de la química y de la vida diaria, pero en algunos casos, su uso es complejo e incluso peligroso.

Los nitratos, nitritos, sulfatos y sulfitos son compuestos polivalentes desde un punto de vista tecnológico que encuentran aplicación en distintos tipos de industrias, entre ellas, la alimentaria. Dentro de esta última, entre sus funciones más relevantes destaca su capacidad de inhibición del crecimiento microbiano. Sin embargo, la implicación de estos aditivos en la formación de nitrosaminas, productos con efectos cancerígenos demostrados, hace que su uso esté bastante limitado o prohibido. Aunque la formación de nitrosaminas no se produce de manera automática, bajo cualquier circunstancia, sino que son necesarias condiciones potenciadoras, entre las que destacan un pH ácido y generalmente calor o tiempo.

Muchos de los procesos de la industria química, farmacéutica o alimentaria están basados en la reactividad de los oxoaniones del nitrógeno y azufre, así como, de sus correspondientes oxoácidos, como el ácido sulfúrico o el ácido nítrico. El conocimiento de la química estructural de estos compuestos, así como, de su reactividad resulta, por tanto, imprescindible para el correcto entendimiento de los mencionados procesos industriales.

3.2. Objetivos

1. Estudiar las propiedades estructurales de los oxoácidos y oxoaniones de nitrógeno y azufre.
2. Determinar la estabilidad y reactividad de los oxoácidos y oxoaniones de nitrógeno y azufre.

3.3. Fundamento teórico

3.3.1. Oxoácidos y oxoaniones del nitrógeno

a) Ácido nitroso y nitritos

En estado gaseoso, el ácido nitroso, HNO_2, posee una estructura angular, con hibridación sp^2 para el átomo de nitrógeno. Es poco estable, y sólo se conoce en disolución acuosa diluida, ya que descompone mediante un proceso de dismutación.

$$3\ HNO_2 \leftrightarrows HNO_3 + 2NO + 2H_2O$$

El ácido nitroso se comporta como un ácido débil (pK_a = 3,4); por lo que sus sales tienen tendencia a la hidrólisis. Debido a este fenómeno, sólo son estables las sales con cationes poco polarizantes. Tanto en estado sólido como en disolución, se puede detectar el anión nitrito, NO_2^-, que posee una estructura angular. En medio ácido, el anión nitrito es un buen oxidante, y presenta cinéticas de reacción bastante rápidas.

b) Ácido nítrico y nitratos

El ácido nítrico, HNO_3, en estado puro, es un líquido incoloro y relativamente volátil, con un punto de fusión bajo (-42 ºC) y un punto de ebullición no muy elevado (83 ºC), a pesar de los enlaces de hidrógeno que existen entre las moléculas del mismo. El ácido nítrico puro es un líquido incoloro o un sólido cristalino blanco, este último descompone fácilmente por encima de su punto de fusión, por lo que debe almacenarse por debajo de cero grados. El ácido acuoso concentrado común (en torno al 70 % en peso) es incoloro, pero se vuelve amarillo con el tiempo como resultado de una descomposición fotoquímica.

$$2\ HNO_3 + h\nu \rightarrow 2NO_2 + H_2O + \tfrac{1}{2}\ O_2$$

En disolución, se comporta como un ácido fuerte, disociándose completamente. En disoluciones concentradas, el ácido nítrico es muy buen oxidante, su capacidad de oxidación aumenta, al aumentar la acidez del medio. Por el contrario, sus reacciones redox suelen ser lentas. En disoluciones diluidas, (menores a 2M), se comporta como un ácido no oxidante pudiéndose reducir para dar hidrógeno.

El anión nitrato, NO_3^-, presenta una estructura plana trigonal, con un único valor para la distancia de enlace N-O. Se conocen nitratos de casi todos los elementos metálicos, con frecuencia están hidratados y la mayoría son solubles en agua. Aunque en menor medida que el ácido nítrico, los nitratos poseen, también, un buen carácter oxidante.

3.3.2. Oxoácidos y oxoaniones del azufre

El azufre, igual que el nitrógeno y el fósforo, forma numerosos oxoácidos. Aunque algunos de ellos pueden ser aislados como tales ácidos libres, la mayoría se conocen como las sales de los correspondientes oxoaniones.

a) Ácido sulfuroso y sulfitos

El SO_2 es casi totalmente soluble en agua. Sus disoluciones tienen propiedades ácidas y fueron consideradas en la antigüedad como disoluciones del ácido sulfuroso, H_2SO_3. Sin embargo, mediante los métodos físicos más modernos se ha demostrado que el H_2SO_3 no existe como tal, o si existe, sólo se halla en cantidades extremadamente pequeñas. Los aniones hidrogenosulfito, HSO_3^-, y sulfito, SO_3^{2-}, son fáciles de detectar en disolución acuosa. La estructura de Lewis para el anión sulfito se puede representar mediante tres formas resonantes, siendo las distancias de enlace ligeramente superiores a las distancias existentes en un enlace doble S=O.

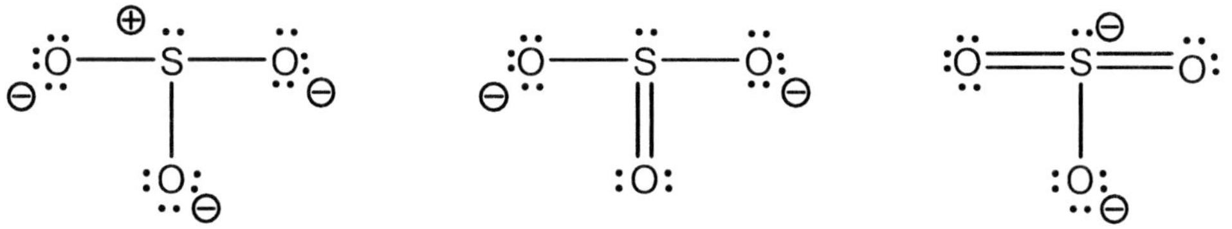

(I) (II) (III)

Figura 3.1. Estructuras de Lewis resonantes para el anión sulfito

El sulfito de sodio, Na_2SO_3, es uno de los compuestos químicos que se producen en mayor cantidad (10^6 Tn/año). Se obtiene pasando SO_2 a través de una disolución de Na_2CO_3. En la industria y en el laboratorio químico, el sulfito de sodio, se utiliza como agente reductor moderado. El principal uso en la actualidad está relacionado con la fabricación de papel. Como el SO_2, el sulfito de sodio, también se utiliza como un conservante en la industria alimentaria, por ejemplo, se emplea para que los vegetales mantengan la apariencia de frescos, sin embargo, pueden causar serias reacciones alérgicas.

b) Ácido sulfúrico y sulfatos

El ácido sulfúrico, H_2SO_4, es el más importante de todos los oxoácidos del azufre. Es también el producto industrial más importante del mundo, hasta el punto de que su consumo se utiliza como indicador de la actividad industrial de un país. Se utiliza en la fabricación de diversos compuestos como fertilizantes (superfosfatos, o combinaciones de sulfato y nitrato de amonio), fibras sintéticas (rayón), en la fabricación del cuero, hojalata, algunos pigmentos y detergentes; explosivos, plásticos y herbicidas; o en procesos como la purificación de petróleo y en numerosas reacciones dentro de la química orgánica e inorgánica.

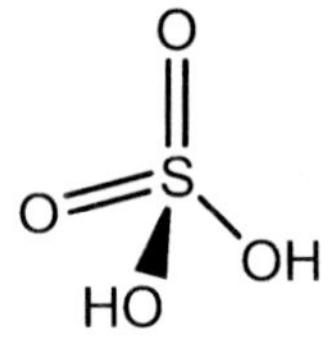

Figura 3.2. Estructura del ácido sulfúrico

El ácido sulfúrico puro es un líquido denso, viscoso y aceitoso con un punto de ebullición de 290 ºC, descomponiéndose en SO_3 y agua. Es miscible con el agua en todas las proporciones, siendo esta reacción extremadamente exotérmica (880 kJ. mol^{-1}), llegando incluso a ser explosiva. Por ello, al preparar una disolución en el laboratorio debe añadirse lentamente sobre el agua y nunca al revés, agitando la disolución para procurar una efectiva disipación del calor generado. El ácido sulfúrico concentrado utilizado en los experimentos de laboratorio (aproximadamente 18 M) es altamente corrosivo.

Por otro lado, los sulfatos, SO_4^{2-}, son ampliamente utilizados dentro de la química por su rica reactividad ácido-base, por su alta solubilidad en agua, que los convierte en fuente de cationes metálicos, salvo excepciones como el $PbSO_4$ utilizado en baterías de Pb o el $BaSO_4$ usado para RX de tejidos blandos como el estómago; y por su baja capacidad oxidante o reductora, lo que facilita que forme sales con metales en altos y bajos estados de oxidación. Además, los sulfatos son térmicamente estables, mucho más que los correspondientes nitratos.

Los sulfatos de metales alcalinos y alcalinotérreos son muy estables. Los sulfatos alcalinos son sustancias iónicas con altos puntos de fusión y solubles en agua. Entre los sulfatos de uso cotidiano se podrían destacar el sulfato de sodio, Na_2SO_4, que se utiliza en la fabricación de vidrio, el sulfato de magnesio, $MgSO_4$, que se utiliza como laxante, previniendo la absorción de agua en el cuerpo, y como poderoso agente desecante. El sulfato de calcio dihidratado, $CaSO_4.2H_2O$, conocido como yeso y el sulfato de cobre, $CuSO_4$ que se utiliza como fungicida. El anión tiosulfato, $S_2O_3^{2-}$, es estructuralmente muy parecido al anión sulfato, excepto que un átomo de oxígeno se ha sustituido por un átomo de S. Los dos átomos de S presentan entornos químicos diferentes, uno es central y el otro terminal.

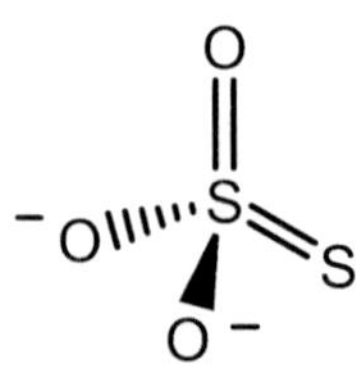

Figura 3.3. Estructura del anión tiosulfato

El tiosulfato de sodio, es un derivado de uso común en el laboratorio como agente redox. Se utiliza, por ejemplo, para la determinación de yoduros en agua.

3.4. Aparatos y material

Aro metálico
Embudo cónico
Matraces aforados de 100 mL
Pipeta pasteur con tetina de goma
Probeta de 100 mL
Tubos de ensayo
Vasos de precipitados de 100 y 250 mL
Cristalizador
Granatario
Papel indicador
Placa calefactora
Soporte o pie
Varilla de vidrio
Vidrio de reloj o pesasustancias

3.5. Reactivos

Acetato de plomo(II)
Ácido sulfúrico concentrado
Almidón
Bromuro de potasio
Etanol
Nitrato de plata
Nitrito de sodio
Peryodato de potasio
Yodo
Yoduro de potasio
Ácido clorhídrico
Agua destilada
Azufre
Cloruro de bario
Hidróxido de sodio
Nitrato de sodio
Permanganato de potasio
Sulfito de sodio
Yodato de potasio

3.6. Procedimiento experimental

3.6.1. Precauciones a tener en cuenta

1. En el transcurso de esta práctica se utilizan ácidos fuertes concentrados, extreme las precauciones de seguridad cuando trabaje con ellos.
2. En esta práctica, al ser cualitativa, las cantidades a utilizar para los experimentos a realizar en tubos de ensayo son orientativas.

3.6.2. Preparación de disoluciones

Disolución de $NaNO_2$ 1 M. Se pesan 6,9 (69 g/mol) g de $NaNO_2$, se disuelven en un vaso de precipitados en aproximadamente 50 mL de agua destilada. La mezcla se transfiere a un matraz aforado de 100 mL y se enrasa con agua destilada. La disolución se homogeneiza agitándola vigorosamente.
Disolución de $NaNO_3$ 1 M. Se pesan 8,5 g (84,99 g/mol) de $NaNO_3$ y se procede de manera similar al apartado anterior.
Disolución de $Na_2S_2O_3$ 0,5 M. Se pesan 12,4 g (248,11 g/mol) de $Na_2S_2O_3 \cdot 5H_2O$ y se procede de manera similar al apartado anterior.

Disolución de Na_2SO_4 0,5 M. Se pesan 7,1 g (142,04 g/mol) de Na_2SO_4, y se procede de manera similar al apartado anterior.
Disolución de Na_2SO_3 0,5 M. Se pesan 6,3 g (126,04 g/mol) de Na_2SO_3, y se procede de manera similar al apartado anterior.
Disolución de $KMnO_4$ 0,5 M. Se pesan 7,9 g (158,03 g/mol) de $KMnO_4$, y se procede de manera similar al apartado anterior.
Disolución de $K_2Cr_2O_7$ 0,5 M. Se pesan 7,35 g (294,18 g/mol) de $K_2Cr_2O_7$, y se procede de manera similar al apartado anterior.
Disolución de KIO_4 al 5% (p/v). Se pesan 5,0 g (230 g/mol) de KIO_4, y se procede de manera similar al apartado anterior.
Disolución de KI al 5% (p/v). Se pesan 5,0 g (166,00 g/mol) de KI, y se procede de manera similar al apartado anterior.
Disolución de KI_3 al 5% (p/v). Se pesan 5,0 g (166,00 g/mol) de KI, y se disuelven en 50 mL de agua, posteriormente se añaden 5.3 g (353.80 g/mol) de I_2 y se procede de manera similar al apartado anterior.
Disolución de KBr al 5% (p/v). Se pesan 5,0 (119,00 g/mol) g de KBr, y se procede de manera similar al apartado anterior.
Disolución de $AgNO_3$ al 5% (p/v). Se pesan 5,0 g de $AgNO_3$, y se procede de manera similar al apartado anterior.
Disolución de $Pb(O_2CCH_3)_2$ al 5% (p/v). Se pesan 5,8 g (379,33 g/mol) de $Pb(O_2CCH_3)_2 \cdot 3H_2O$ y se procede de manera similar al apartado anterior.
Disolución de $BaCl_2$ al 5% (p/v). Se pesan 5,0 g (208,23 g/mol) de $BaCl_2$, y se procede de manera similar al apartado anterior.
Disolución de H_2SO_4 al 10% (p/p). Se pipetean 5,7 mL de H_2SO_4 concentrado comercial (ρ=1,84 g/mL, 98%) y se añaden en un vaso de precipitados con unos 15 mL de agua. La mezcla se transfiere a un matraz aforado de 100 mL y se enrasa con agua destilada y se agita vigorosamente para su total homogeneización.
Disolución saturada de $NaNO_2$. En un vaso de precipitados de 100 mL se añaden aproximadamente 30 mL de agua destilada y se disuelven, poco a poco, pequeñas cantidades de $NaNO_2$ hasta que se observa que tras una nueva adición de sal, ésta ya no se disuelve.
Disolución de almidón al 10 % (p/v). Se añaden 10 g de almidón soluble en 100 mL de agua destilada. La mezcla se calienta y agita hasta que se produce la total disolución. (Puesto que la disolución de almidón se degrada, las disoluciones deben ser recientes o se deben preparar adicionando algún conservante como HgI_2).

3.6.3. Procedimiento experimental

3.6.3.1. Reacciones de los oxoaniones de nitrógeno

1. Añadir aproximadamente dos gotas de una disolución de $KMnO_4$ 0,5 M y 5 gotas de H_2SO_4 al 10 % en peso a 1 mL de una disolución de $NaNO_2$ 1 M.
2. Repetir la reacción 1 sin añadir las gotas de H_2SO_4.
3. Repetir la reacción 1 utilizando unas gotas de la disolución de $K_2Cr_2O_7$ 0,5 M en lugar de la disolución de $KMnO_4$ 0,5 M.

4. Sobre 1 mL de la disolución 1 M de $NaNO_2$ añadir unas gotas de disolución de almidón en agua, 1 mL de disolución de KIO_4 al 5% y aproximadamente 5 gotas de H_2SO_4 al 10%.
5. Repetir la reacción 4, utilizando unas gotas de la disolución de KI al 5% en lugar de la disolución de KIO_4 al 5%.
6. Repetir las reacciones 1–5, utilizando la disolución 1 M de $NaNO_3$ en lugar de la de $NaNO_2$.

3.6.3.2. Reacciones del tiosulfato de sodio

1. Sobre 2 mL de la disolución 0,5 M de $Na_2S_2O_3$ anteriormente preparada, añadir unas gotas de HCl concentrado.
2. Añadir cuidadosamente unas gotas de la disolución 0,5 M de $Na_2S_2O_3$ sobre 1 mL de una disolución de KI_3 al 5%.
3. Añadir una gota de la disolución 0,5 M de $Na_2S_2O_3$ a 1 mL de una disolución $AgNO_3$ al 5%.
4. En otro tubo de ensayo realizar la operación opuesta, añadir 1 gota de la disolución de $AgNO_3$ al 5% sobre 1 mL de la disolución 0,5 M de $Na_2S_2O_3$. Comparar las reacciones en ambos tubos de ensayo.
5. Añadir aproximadamente 1 mL de la disolución de $Na_2S_2O_3$ sobre 1 mL de una disolución de $PbAc_2$ al 5% y calentar con el mechero bunsen ligeramente la suspensión.

3.6.3.3 Reacciones de los iones sulfato y sulfito.

1. Tomar 1 mL de la disolución 0,5 M de Na_2SO_4 en un tubo de ensayo, añadir 1 mL de una disolución de $BaCl_2$ al 5 % y agitar la mezcla para observar la reacción.
2. Repetir la reacción 1 utilizando 1 mL de $AgNO_3$ al 5 % en lugar del $BaCl_2$
3. Repetir las reacciones 1 y 2 utilizando la disolución de Na_2SO_3 0,5 M en lugar de la de Na_2SO_4.

3.7. Resultados

1. Construir una tabla con los experimentos realizados en el apartado 3.6.3.1. que contenga las reacciones estudiadas y comentar las observaciones encontradas.
2. Describir las reacciones realizadas en el apartado 3.6.3.2. y definir cuáles son reacciones redox.
3. Detallar los resultados obtenidos en el experimento 3.6.3.3.

3.8. Cuestiones

1. ¿Qué diferencias existen en la reacción de $NaNO_2$ y $KMnO_4$ en presencia y ausencia de ácido sulfúrico?
2. Explicar detalladamente la reacción que tiene lugar entre el $NaNO_2$ y el KI. ¿Por qué se tiñe la disolución de un color azul oscuro?
3. Detallar como se puede preparar una disolución de triyoduro de potasio.
4. Si trabajásemos en condiciones estándar, ¿sería posible la reducción del anión sulfato utilizando cinc metálico? ¿Cuál sería el potencial estándar de celda generada?
5. ¿Cuál es el método de obtención del tiosulfato de sodio? ¿Cómo prepararía 8 g de tiosulfato de sodio en el laboratorio teniendo en cuenta que el rendimiento de toda la operación es del 60%?
6. Atendiendo a la química de los oxoaniones de azufre y nitrógeno, explicar por qué se produce el efecto denominado como "lluvia ácida" y cuáles son sus principales consecuencias sobre el medio ambiente.
7. Dibujar las estructuras de Lewis de los aniones sulfato, nitrato y nitrito, así como de los ácidos sulfúrico y nítrico.

3.9. Bibliografía

1. D.F. Shriver, P.W. Atkins, C.H. Langford, *Inorganic Chemistry*. Oxford University Press, 1994.
2. G. Rayner-Canham. *Química Inorgánica Descriptiva*. Prentice Hall, 2000.
3. E. Gutiérrez-Ríos. *Química Inorgánica*. Reverte, 1998.
4. S.W. Dhawale. *J. Chem. Ed.* 1993, 70, 12.

4. ESTUDIO Y REACTIVIDAD DEL PERÓXIDO DE HIDRÓGENO

4.1. Introducción

El peróxido de hidrógeno, comúnmente conocido como agua oxigenada, es un líquido viscoso, transparente, incoloro y miscible con el agua. Es un compuesto químico altamente polar, pero su utilidad como disolvente se ve limitada por su elevado carácter oxidante y su fácil descomposición aun en presencia de cantidades traza de iones metales pesados.

$$2\ H_2O_2\ (l) \rightarrow 2\ H_2O\ (l) + O_2\ (g) \quad \Delta H = -99\ KJ/mol$$

Sus propiedades oxidantes se aprovechan para blanquear sustancias, como el pelo, marfil, plumas y materiales delicados, que podrían dañarse empleando otros agentes oxidantes más enérgicos. En medicina, se utilizan disoluciones acuosas al 3% como antiséptico. También se utiliza en disoluciones concentradas al 90% como componente de combustibles para cohetes y para la fabricación de espuma de caucho.

4.2. Fundamento teórico

4.2.1. Volumetrías redox

Una volumetría redox es un método cuantitativo, basado en un proceso de oxidación-reducción entre reactivo valorante y analito. Como en toda determinación volumétrica es necesario que la estequiometría de la reacción esté perfectamente establecida, que la reacción sea rápida, y que se cuente con los medios para generar un punto final tan cercano al punto de equivalencia como sea posible. La valoración redox se realiza añadiendo progresivamente una disolución de reactivo valorante colocada en una bureta, sobre un volumen conocido de la disolución que contiene el analito que se pretende cuantificar. El proceso de valoración termina cuando el indicador usado cambia de color y esto sucede en el momento en que existen cantidades equivalentes de oxidante y de reductor. Una volumetría redox en la que el agente valorante es un oxidante se conoce como oxidimetría. Cuando en ocasiones el agente valorante es una sustancia reductora se conoce como reductimetría.

El permanganato de potasio es el reactivo valorante más empleado en volumetrías redox por ser un agente oxidante fuerte, que permite determinar la mayor parte de las sustancias reductoras y además actúa como indicador; la primera gota en exceso proporciona color rosado a la disolución que se valora. Otros reactivos comunes son el dicromato de potasio, el yodato de potasio, el ión cerio(IV) y el yodo.

4.2.2. Reacciones de oxidación-reducción de H_2O_2

El peróxido de hidrógeno es capaz de actuar como agente oxidante en disoluciones ácidas y básicas, únicamente frente a agentes oxidantes fuertes como el MnO_4^- se comporta como agente reductor.

En medio ácido: $H_2O_2 + 2H^+ + 2e^- \rightarrow 2H_2O$ $E^0 = 1,77$ V

$O_2 + 2H^+ + 2e^- \rightarrow H_2O_2$ $E^0 = 0,68$ V

Y en medio básico: $HO_2^- + H_2O + 2e^- \rightarrow 3OH^-$ $E^0 = 0,87$ V

$O_2 + H_2O + 2e^- \rightarrow OH^- + HO_2^-$ $E^0 = 0,084$ V

Cuando interviene como oxidante en procesos catalizados por metales de transición como hierro o cobre se convierte en el radical HO• con una reactividad únicamente inferior al flúor. ($E^0 = 2,8$ V)

4.3. Objetivos

1. Entender el fundamento de las volumetrías redox.
2. Estudiar el poder oxidante-reductor del peróxido de hidrógeno.

4.4. Aparatos y material

Balanza analítica
Embudo de vidrio
Matraces Erlenmeyer de 250 mL
Matraz aforado de 250 mL
Pinza de bureta
Pipeta Pasteur con tetina de goma
Rejilla
Trípode
Varilla de vidrio
Vasos de precipitados de 250 mL
Bureta
Gradilla
Matraz aforado de 100 mL
Mechero Bunsen
Pipeta aforada de 10 mL
Probeta de 50 mL
Soporte o pie
Tubos de ensayo
Vasos de precipitados de 100 mL
Vidrio de reloj o pesasustancias

4.5. Reactivos

Ácido clorhídrico
Agua destilada
Dicromato de potasio
Oxalato de sodio
Peróxido de hidrógeno
Ácido sulfúrico
Cloruro de manganeso(II) monohidrato
Hidróxido de sódio
Permanganato de potasio

4.6. Procedimiento experimental

4.6.1. Precauciones a tener en cuenta

1. Extremar las precauciones al manejar el ácido sulfúrico puesto que provoca quemaduras graves.
2. Tener cuidado al manejar el agua oxigenada concentrada puesto que puede provocar heridas en la piel.

4.6.2. Preparación de disoluciones

Disolución de $Na_2C_2O_4$ 0,1 M. Se seca cierta cantidad de $Na_2C_2O_4$ con pureza de patrón primario durante dos horas en la estufa a 110 °C y se enfría posteriormente en un desecador. A continuación se calcula la masa de sólido que se necesita y se pesa exactamente en la balanza analítica una cantidad de oxalato de sodio aproximada a la calculada. Posteriormente, y con la masa exacta pesada, se recalcula la concentración exacta. La masa de sólido pesada se disuelve en unos 75 mL de agua destilada, se transfiere a un matraz aforado de 100 mL, se completa con agua destilada hasta el enrase y el matraz se agita para homogeneizar la disolución.
Disolución de $KMnO_4$ 0,1 M. Pesar la cantidad de sólido que se necesita y añadir unos 200 mL de agua destilada para disolverlo, añadir también 10 mL aproximadamente de H_2SO_4 comercial. Una vez disuelto el sólido la mezcla se transfiere a un matraz aforado de 250 mL, se completa con agua destilada hasta el enrase y el matraz se agita para homogeneizar la disolución.
Disolución de H_2O_2 3% (v/v). Pipetear el volumen necesario de peróxido de hidrógeno al 30%, añadirlo a un matraz de 100 mL y completar con agua destilada hasta el enrase.
Disolución de $MnCl_2$ 0,1 M. Se pesan 1,25 g (143,86 g) de $MnCl_2.H_2O$ y se transfieren a un vaso con unos 80 mL de agua destilada para disolverlo. Una vez disuelto se transfiere a un matraz aforado de 100 mL y se completa con agua destilada hasta el enrase. El matraz se agita hasta homogeneizar la disolución.
Disolución de $K_2Cr_2O_7$ 0,1 M. Se pesan 2,94 g (294,18 g/mol) de $K_2Cr_2O_7$ y se procede como en el apartado anterior.

4.6.3. Estandarización del $KMnO_4$

Debido a que el $KMnO_4$ no es una sustancia patrón tipo primario debe estandarizarse frente a otra sustancia que sí que presente las características de un patrón tipo primario, como por ejemplo el oxalato de sodio. Para ello se prepara una disolución de concentración aproximada 0,1 M de $KMnO_4$ en un matraz aforado de 250 mL tomando la cantidad apropiada de sal y aproximadamente 10 mL de ácido sulfúrico comercial (calentar la disolución para favorecer la disolución de la sal). Teniendo en cuenta que esta disolución se va a estandarizar posteriormente para conocer su concentración exacta, no es necesario pesar exactamente el permanganato de potasio, por lo que esta operación se puede realizar en el granatario.

4.6.3.1. Preparación de la disolución de oxalato de sodio 0,1 M

Se seca cierta cantidad de $Na_2C_2O_4$ con pureza de patrón primario durante dos horas en la estufa a 110 ºC y se enfría posteriormente en un desecador. A continuación, se prepara una disolución de 100 mL de $Na_2C_2O_4$ 0,1 M, calculando la masa de sólido químicamente puro que se necesita y pesando exactamente en la balanza analítica (con una precisión de 0,1 mg) una cantidad de $Na_2C_2O_4$ aproximadamente igual al valor calculado. Finalmente, se prepara la disolución en un matraz aforado de 100 mL y se recalcula su concentración exacta.

4.6.3.2. Valoración de la disolución de permanganato de potasio 0,01 M

Se monta la bureta comprobando con agua que la llave funcione correctamente, se enjuaga con la disolución de $KMnO_4$ y se sujeta mediante una pinza al soporte. La bureta se carga con la disolución de $KMnO_4$ y se enrasa abriendo la llave, asegurándose de que la punta inferior este llena y sin burbujas de aire.

A continuación, se toma con la pipeta un volumen exacto de 10 mL de oxalato de sodio y se vierte sobre un matraz Erlenmeyer de 250 mL. La muestra se diluye aproximadamente con 50 mL de agua destilada y se añaden aproximadamente 2 mL de ácido sulfúrico comercial. La muestra se calienta a 80 ó 90 ºC en una placa calefactora, en presencia de los primeros vapores el matraz con la muestra se coloca sobre un fondo blanco y se valora añadiendo la disolución de permanganato, gota a gota, sobre la disolución, con continua agitación, hasta la aparición de coloración violeta persistente (la temperatura en las proximidades del punto final no debe descender de unos 60 ºC. Si la valoración ha requerido un tiempo considerable es conveniente volver a calentar la disolución antes de llegar al punto final). La valoración se realiza por duplicado aceptando una diferencia de volumen entre ambos datos menores de 0,5 mL, calculando un valor medio.

El permanganato así preparado, presenta la posibilidad de reducirse lentamente por la presencia de trazas de sustancias reductoras en el agua (normalmente de naturaleza orgánica) y de descomposición catalizada por el MnO_2. Por ello, es necesario determinar la concentración de la disolución antes de su utilización si transcurre mucho tiempo desde la fecha de su preparación.

4.6.4. Cálculo de la concentración de la disolución de H_2O_2:

Se pipetea una alícuota de 10 mL de la disolución de H_2O_2 al 3% (v/v) y se coloca en un matraz Erlenmeyer de 250 mL, la mezcla a valorar se completa adicionando aproximadamente 50 mL de agua destilada y 3 mL de ácido sulfúrico concentrado. La muestra de H_2O_2 se valora por adición de la disolución de $KMnO_4$ desde la bureta, hasta que una gota produzca color rosáceo persistente. Es necesario repetir la valoración dos veces y calcular la concentración de la disolución de H_2O_2.

4.6.5. Reactividad del peróxido de hidrógeno

1. Colocar en un tubo de ensayo una pequeña cantidad de KI (punta de espátula) y disolverlo en 2 mL de agua destilada. Seguidamente añadir unas gotas de H_2SO_4 concentrado y 2 mL de H_2O_2 al 3%.
2. Colocar en un tubo de ensayo una lenteja de NaOH y añadir 2 mL de H_2O_2 3% agitando bien el tubo. A continuación añadir unas gotas de disolución de $MnCl_2$ 0,1M.
3. Repetir el experimento 2 con $KMnO_4$ 0,1 M en lugar de $MnCl_2$.
4. Añadir en un tubo de ensayo 2 mL de una disolución 0,1 M de $K_2Cr_2O_7$ y unas gotas de H_2O_2 al 3%.
5. Añadir en un tubo de ensayo 2 mL de una disolución de 0,1 M de $K_2Cr_2O_7$ y unas gotas de H_2SO_4 concentrado. Seguidamente añadir 1 mL de H_2O_2 al 3%.
6. Colocar en un tubo de ensayo una lenteja de NaOH y añadir 2 mL de H_2O_2 3% agitando bien el tubo. A continuación añadir unas gotas de disolución de $K_2Cr_2O_7$ 0,1 M.

4.7. Resultados

1. Conocido el valor medio del volumen de $KMnO_4$ empleado y el volumen exacto de oxalato de sodio tomado en el experimento 4.6.3, calcular el valor exacto de la concentración de la disolución de $KMnO_4$.
2. Escribir las reacciones que tienen lugar entre el $KMnO_4$ y el $Na_2C_2O_4$ y entre el $KMnO_4$ y el H_2O_2.
3. Explicar las observaciones encontradas en el experimento 4.6.5. Reactividad de peróxido de hidrógeno. Indicar en qué reacciones actúa el H_2O_2 como oxidante y en qué reacciones como reductor.

4.8. Cuestiones

1. Representa la estructura de Lewis del agua oxigenada indicando su geometría molecular y su momento dipolar.
2. ¿Qué factores contribuyen a la descomposición del agua oxigenada?
3. Al añadir los primeros mililitros de $KMnO_4$ a la disolución de oxalato de sodio hay que hacerlo lentamente y esperar a que desaparezca el color, y sin embargo, a medida que transcurre la valoración se puede realizar más rápido. ¿Por qué?
4. En ambas valoraciones con $KMnO_4$ no se utiliza un indicador ¿Por qué?

4.9. Bibliografía

1. F. Burriel Martí. *Química Analítica Cualitativa*. Ed. Paraninfo, 1998.
2. D.A. Skoog, D.M. West, F.J. Holler, S.R. Crouch. *Fundamentos de Química Analítica*. Ed. Thomson. 2005.

5. HALÓGENOS: REACCIONES Y COMPORTAMIENTO QUÍMICO

5.1. Introducción

Los halógenos se presentan en la naturaleza como moléculas diatómicas de formula general X_2 (X = F, Cl, Br, I). Al tratarse de moléculas homodinucleares no tienen polaridad eléctrica permanente. En las fases condensadas solo existen fuerzas débiles de Van der Waals, por tanto, la tendencia en los puntos de fusión y ebullición de los halógenos se compara con las de los gases nobles.

El flúor es un gas incoloro, el cloro un gas verde claro, el bromo un líquido de color rojizo y el yodo un sólido negro de aspecto brillante.

El flúor se encuentra en la naturaleza de forma abundante, en especial como fluorita CaF_2, criolita Na_3AlF_6 y fluoroapatita, $3[Ca_3(PO_4)_2Ca(F,Cl)_2]$. La fuente principal de cloro es el cloruro de sodio, NaCl, presente en el agua de mar o en depósitos sólidos terrestres. Los bromuros y yoduros alcalinos y alcalinotérreos son mucho menos abundantes.

Las principales aplicaciones del flúor son la síntesis de derivados fluorocarbonados, en el refinado del uranio, como oxidantes y en plantas piloto donde sustituye al cloro en la fluoración de aguas. El cloro se emplea en las síntesis del PVC, en la fabricación de insecticidas, lejías y principalmente en la cloración de aguas. El ^{131}I, radioactivo, se utiliza para determinar el tamaño, la forma y la actividad de la glándula tiroides. Así como, en el tratamiento de canceres concentrados en esta glándula. Un bromuro como el AgBr encuentra un importante campo de aplicación en la fotografía, al igual que el AgI. El KI se utiliza en pequeñas cantidades para preparar sal de mesa yodada.

5.2. Objetivos

1. Identificar halógenos: Obtención de cloro en el laboratorio.
2. Estudiar la solubilidad de los halógenos en agua, disolventes orgánicos y disoluciones básicas.
3. Estudiar el poder oxidante de los halógenos.
4. Estudiar las reacciones de precipitación de haluros. Determinación cualitativa de yoduros.

5.3. Fundamento teórico

En contraste con los elementos del grupo 18, los halógenos presentan una gran reactividad y son agentes oxidantes enérgicos. Este carácter oxidante disminuye al descender en el grupo, siendo el F_2 una de las sustancias más oxidantes que se conoce.

El estado de oxidación del flúor combinado es -1, mientras que los otros halógenos tienen estados de oxidación comunes -1, +1, +3, +5, y +7. Como se observa en el diagrama de Frost cuanto mayor es el estado de oxidación, mayor es la capacidad oxidante. Siendo además las disoluciones ácidas más oxidantes que las disoluciones básicas.

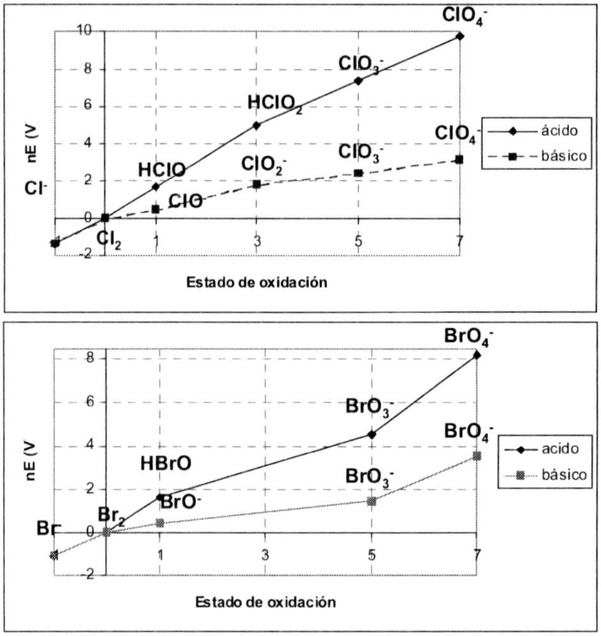

Figura 1. Diagramas de Frost para cloro y bromo en disolución ácida y básica.

Los halógenos tienen potenciales de ionización y afinidades electrónicas elevadas, lo que justifica que formen preferiblemente aniones del tipo X^-. Estos aniones, derivados de los halógenos (F^-, Cl^-, Br^- y I^-), son los denominados haluros, y son isoelectrónicos con el gas noble más cercano en el sistema periódico. Por reacción con la mayoría de los elementos alcalinos y alcalinotérreos los halógenos dan compuestos de carácter iónico.

Los halógenos también dan lugar a muchos compuestos moleculares, bien combinándose entre ellos (interhalógenos como ICl, BrF_3, ClF_5, etc.), o bien, en combinaciones con otros elementos no metálicos (PCl_5, NF_3, etc.).

Casi todos los métodos de preparación de halógenos en el laboratorio implican la oxidación de los iones haluro:

$$2X^- \rightarrow X_2$$

En concreto, el Cl_2 se prepara habitualmente en el laboratorio por la acción de agentes oxidantes sobre HCl, o sobre mezclas de NaCl y H_2SO_4 como fuente de Cl^- y

H^+. Entre los agentes oxidantes utilizados se encuentran MnO_2, $KMnO_4$, PbO_2, $KClO_3$ y HNO_3. Así, con MnO_2, la reacción global sería:

$$MnO_2 + 4\ HCl \rightarrow MnCl_2 + Cl_2 + H_2O$$

Y con $KMnO_4$: $2\ KMnO_4 + 16\ HCl \rightarrow 2MnCl_2 + 5Cl_2 + 8H_2O + 2KCl$

Siendo, esta última, más favorable termodinámicamente (Ver anexo 5, $E^0(MnO_4^-/Mn^{2+})$ y $E^0(MnO_2\ /\ Mn^{2+})$ en medio ácido).

Un método útil para detectar Cl_2, es poner sobre el recipiente, que se sospecha lo contiene, una tira de papel de filtro impregnada con una disolución de I^-/almidón. Este reactivo se utiliza como detector de gases oxidantes, ya que I^- se oxidará a I_2, que forma un complejo azul-morado con la amilasa presente en el almidón.

Todos los halógenos son, en cierto grado, solubles en agua. Sin embargo, se encuentran en todas estas disoluciones especies distintas a las moléculas solvatadas de halógenos, ya que se produce una rápida reacción de desproporcionación. Dos equilibrios definen la naturaleza de este comportamiento:

$$X_2\ (g,l,s) \leftrightarrows X_2\ (ac) \qquad K_1$$
$$X_2\ (ac) \leftrightarrows H^+(ac) + X^-(ac) + HXO\ (ac) \qquad K_2$$

Los valores de K_1 y K_2 son 0,062 y $4{,}2.10^{-4}$ para Cl_2, 0,21 y $7{,}2.10^{-9}$ para Br_2 y 0,0031 y $2{,}0.10^{-13}$ para I_2. De este modo para disoluciones acuosas saturadas de halógenos a 25 °C existe una concentración apreciable de HClO, una menor concentración de HBrO y una concentración despreciable de HIO. La solubilidad en agua es moderada para cloro y bromo y escasa para yodo. Por último, el flúor reacciona violentamente con el agua.

	Cl_2	Br_2	I_2
Solubilidad total	0,091	0,21	0,0013
Concentración de X_2(ac)	0,064	0,21	0,0013
$[H^+] = [X^-] = [HXO]$	0,030	$1{,}15.10^{-3}$	$6{,}4.10^{-6}$

Tabla 5.1. Concentraciones en el equilibrio de disoluciones acuosas de los halógenos a 25 °C (mol/L).

Dada su naturaleza apolar, en general, los halógenos son más solubles en los disolventes orgánicos convencionales que en agua. Es conocido que I_2 da disoluciones de color violeta en disolventes no polares, mientras que en disolventes polares con átomos dadores de N u O (éter etílico) da disoluciones de color marrón. Aunque es menos frecuente, Cl_2 y Br_2, e incluso los compuestos interhalógenados, se comportan de un modo similar.

Por otro lado, todos los halógenos reaccionan en medio básico dando el hipohalito correspondiente:

$$X_2 + 2\,OH^- \leftrightarrows X^- + OX^- + H_2O$$

Para estas reacciones las constantes de equilibrio son favorables $7{,}5.10^{15}$ para Cl_2, $2{,}0.10^8$ para Br_2 y 30 para I_2. Las reacciones, además, son rápidas. Sin embargo, los iones hipohalito tienden a desproporcionar aún más en disolución básica para formar los iones halato:

$$3\,OX^- \leftrightarrows 2X^- + XO_3^-$$

Los productos obtenidos en estas reacciones termodinámicamente favorables, dependen de la velocidad de cada reacción. La reacción de desproporcionación del anión hipoclorito es lenta por debajo de la temperatura ambiente y aumenta considerablemente a 75 ºC. La desproporcionación de hipobromito es moderada, las disoluciones deben conservarse a 0 ºC. La velocidad de despropocionación del hipoyodito es muy rápida, no se conoce su existencia en disolución.

Los halógenos reaccionan con hidrógeno para formar halogenuros de hidrógeno HX. En disolución acuosa hablamos de ácidos hidrácidos. La reactividad con el hidrógeno disminuye a medida que bajamos en el grupo

$F_2 + 2\,H_2 \rightarrow 2\,HF$	Reacción explosiva a -253 ºC
$Cl_2 + 2\,H_2 \rightarrow 2\,HCl$	Lenta en la oscuridad. Explosiva bajo luz directa
$Br_2 + 2\,H_2 \rightarrow 2\,HBr$	Condiciones especiales
$I_2 + 2\,H_2 \rightarrow 2\,HI$	Reacción parcial y reversible

El método más importante de preparación de halogenuros de hidrógeno en laboratorio es la reacción de la correspondiente sal con un ácido fuerte:

$$CaF_2\,(s) + 2\,H_2SO_4\,(ac) \rightarrow 2\,HF\,(g) + CaSO_4\,(ac)$$
$$NaCl\,(s) + H_2SO_4\,(ac) \rightarrow 2\,HCl\,(g) + NaHSO_4\,(ac)$$

Ni bromuro de hidrógeno, ni yoduro de hidrógeno pueden prepararse por este método, ya que el ácido sulfúrico oxida a los aniones bromuro y yoduro, lo que pone de manifiesto el mayor carácter reductor de estos aniones en comparación con cloruro y fluoruro.

$$2\,NaBr\,(s) + 2\,H_2SO_4\,(ac) \rightarrow 2\,H_2O + Br_2\,(g) + Na_2SO_4\,(ac) + SO_2\,(g)$$

El ácido fluorhídrico es muy corrosivo, a pesar de ser un ácido débil. Es una de las pocas sustancias que ataca al vidrio.

$$SiO_2\,(s) + HF\,(g) \rightarrow SiF_6^{2-}\,(ac) + 2H^+\,(ac) + 2\,H_2O$$

5.3.1. Función del yodo en el organismo

El yodo es un elemento esencial para el correcto funcionamiento de la glándula tiroides, se utiliza para la síntesis de tiroxina y de las hormonas tiroides, esenciales para la síntesis de ATP, el metabolismo hepático, el crecimiento de la masa muscular y la regulación de la velocidad metabólica; la función neuromuscular y el mantenimiento de la capacidad reproductora (el 80% del yodo contenido en el organismo se encuentra en esta glándula). Se trata de un micronutriente, ya que solo son necesarias pequeñas cantidades de este elemento, por ejemplo, un adulto requiere del orden de 150 mg de yoduro por día. Sin embargo, si este aporte a través de la dieta no llega a cubrirse, se produce un crecimiento anómalo de la glándula tiroides conocido como bocio. Una falta prolongada de yoduro puede incluso provocar la perdida de la función tiroides.

Una forma de mantener el aporte de yoduro en la dieta es utilizar sal yodada, sal de mesa, NaCl, con cantidades adicionales de KI. El yoduro, sin embargo, es fácilmente oxidable en presencia de oxígeno atmosférico.

$$4H^+\,(ac) + 4I^-\,(ac) + O_2\,(g) \rightarrow 2I_2\,(ac) + 2H_2O\,(l)$$

La acumulación de I_2 en la sal de mesa provocaría la aparición de un color amarillo y un mal sabor, para evitarlo se adiciona una pequeña cantidad de dextrosa como agente reductor

$$C_6H_{12}O_6\,(ac) + I_2\,(ac) + H_2O\,(l) \rightarrow C_6H_{12}O_7\,(ac) + 2HI\,(ac)$$

5.3.2. Quemaduras químicas con ácido fluorhídrico

Históricamente ha sido uno de los primeros ácidos utilizados de forma amplia en la industria, se utiliza en la producción de plásticos, anilinas y materiales a prueba de fuego, en la industria del vidrio, etc.

En contacto con la piel produce quemaduras muy graves y extremadamente dolorosas. En un principio la zona se enrojece y luego toma una tonalidad blanquecina, dependiendo de la concentración los síntomas pueden no ser inmediatos, pero pueden aparecer con serias consecuencias después de un período de latencia variable. El HF tiene, en primer lugar, una acción corrosiva directa, y en segundo lugar produce varios tipos de sales en contacto con los tejidos, sales solubles, excepto CaF_2 y MgF_2, que se disocian liberando F^-. Ambas circunstancias tienen como efecto principal la formación de complejos con el calcio celular y la producción de hipocalcemia, responsable de serias alteraciones cardiacas.

5.4. Aparatos y material

Balanza analítica	Crisol de porcelana
Gradilla y tubos de ensayo	Matraces aforados de 50, 100, 250 mL
Matraces Erlenmeyer de 250 mL	Pipeta Pasteur con tetina de goma
Pipetas de 5 y 10 mL	Portamuestras de vidrio
Probeta de 100 mL	Soporte o pie
Varilla de vidrio	
Vasos de precipitados de 100 y 250 mL	Vidrio de reloj o pesasustancias

5.5. Reactivos

Acetato de plomo	Ácido acético
Ácido clorhídrico	Ácido fosfórico
Ácido nítrico	Ácido sulfúrico
Agua de bromo	Agua de cloro
Almidón	Bromato de potasio
Bromuro de potasio	Clorato de potasio
Cloruro de potasio	Dicromato de potasio
Dióxido de manganeso	Éter etílico
Eritrosina B	Fluoruro de calcio
Hexano	Hidróxido de sodio
Hipoclorito de sodio	Nitrato de plata
Nitrato de plomo	Nitrito de sodio
Permanganato de potasio	Sulfato de manganeso
Yodato de potasio	Yodo
Yoduro de sodio	Yoduro de potasio

Otros: sal de mesa, iodo antiséptico, muestra problema (mezcla de haluros)

5.6. Procedimiento experimental

5.6.1. Precauciones a tener en cuenta

En general, los halógenos son irritantes y en especial el cloro por ser un gas. Este último y el fluoruro de hidrógeno, son muy tóxicos y corrosivos, por lo que se evitará inhalar sus vapores o que sus disoluciones entren en contacto con los ojos o la piel.

5.6.2. Preparación de disoluciones

Disolución de $NaNO_2$ 1 M. Se pesan 6,9 g (69,00 g/mol) de $NaNO_2$ se disuelven en 80 mL de agua en un vaso de precipitados. La mezcla se transfiere a un matraz aforado de 100 mL y se enrasa con agua destilada. El matraz se agita hasta homogeneizar la disolución.
Disolución de $KMnO_4$ 0,5 M. Se pesan 7,9 g (158,03 g/mol) de $KMnO_4$ y se procede de manera similar al apartado anterior.
Disolución de $K_2Cr_2O_7$ 0,5 M. Se pesan 14,7 g (294,18 g/mol) de $K_2Cr_2O_7$ y se procede de manera similar al apartado anterior.
Disolución de $AgNO_3$ 0,1 M. Se pesan 1,7 g (169,87 g/mol) de $AgNO_3$ y se procede de manera similar al apartado anterior.
Disolución de KCl 1 M. Se pesan 7,45 g (74,55 g/mol) de KCl y se procede de manera similar al apartado anterior.
Disolución de KBr 1 M. Se pesan 11,9 g (119,00 g/mol) de KBr y se procede de manera similar al apartado anterior.
Disolución de KCl 1 M. Se pesan 16,0 g (166,00 g/mol) de KI y se procede de manera similar al apartado anterior.
Disolución de almidón al 1 % (p/v). Se añaden 1 g de almidón soluble en 100 mL de agua destilada. La mezcla se calienta y agita hasta que se produce la total disolución. (Puesto que la disolución de almidón se degrada, las disoluciones deben ser recientes o se deben preparar adicionando algún conservante como HgI_2)
Disolución yoduro/almidón 0.1 M en I^-. Se disuelven 1,5 g de NaI en 100 mL de una disolución de almidón al 1%.
Disolución de NaOH 2M. Se disuelven 8,2 g (40,08 g/mol, 98%) de NaOH en aproximadamente 80 mL de agua destilada, la mezcla una vez fría, se transfiere a un matraz aforado de 100 mL y se enrasa con agua destilada. El matraz se agita hasta homogeneizar la disolución.
Disolución de $MnSO_4$ 0,5 M. Se pesan 8,45 g (169,02 g/mol) de $MnSO_4.H_2O$ y se procede de manera similar al apartado anterior.
Disolución de $Pb(NO_3)_2$ 0,1 M. Se pesan 3,3 g (331,21 g/mol) de $Pb(NO_3)_2$ y se procede de manera similar al apartado anterior.
Disolución de H_2O_2 al 10% (v/v). Se pipetean 33,3 mL de peróxido de hidrógeno comercial (30%), se llevan a un matraz de 100 mL y se enrasa con agua destilada.
Disolución de CH_3COOH 1M. Se pipetean 5,7 mL de CH_3COOH (ρ =1,049 g/mL, 60,05 g/mol, 99,7%) en un vaso de precipitados con unos 20 mL de agua destilada. La mezcla se transfiere a un matraz aforado de 100 mL y se enrasa con agua destilada.

5.6.3. Determinación cualitativa de halógenos:

Se toman 5 mL de muestra problema y se añade 1mL de $NaNO_2$ 1M y unas gotas de HCl concentrado después de agitar convenientemente el tubo de ensayo se añaden 2 mL de hexano y se separan las dos fases. Al volumen de muestra restante se le adiciona $K_2Cr_2O_7$ 0,5 M, gota a gota, hasta que deje de decolorarse, nuevamente se adicionan 2 mL de hexano a la disolución y se separa por decantación. A la disolución acuosa restante se le adiciona unas gotas de $AgNO_3$ 0,1 M.

5.6.4. Obtención de cloro en el laboratorio

1. Colocar en un tubo de ensayo una pequeña cantidad de MnO_2 (punta de espátula), añadir 1 mL de HCl concentrado y comprobar la posible evolución de un gas colocando en la boca del tubo de ensayo una tira de papel de filtro humedecido con una disolución de I^-/almidón.
2. Colocar en un tubo de ensayo una pequeña cantidad de $KMnO_4$ (punta de espátula), añadir 1 mL de HCl concentrado y comprobar la posible evolución de un gas colocando en la boca del tubo de ensayo una tira de papel de filtro humedecido con una disolución de I^-/almidón.

5.6.5. Reacciones de los halógenos con agua

1. Tomar una muestra de 2 mL de agua de Cl_2 en un tubo de ensayo, observar el color y medir el pH de la disolución.
2. Repetir el mismo experimento con de 2 mL de agua de Br_2.
3. Repetir el mismo experimento disolviendo unos cristales de I_2 en agua.

5.6.6. Solubilidad de los halógenos en disolventes orgánicos

1. Colocar en tres tubos de ensayo 1 mL de agua de Cl_2, Br_2 y I_2 (preparada por disolución de unos cristales de I_2 en 2 mL de agua), respectivamente. Añadir a cada uno aproximadamente 1 mL de hexano, observando si la fase orgánica queda por encima o por debajo de la acuosa. Agitar los tubos, dejar que las fases se separen y anotar el color de cada una de ellas.
2. Repetir el mismo experimento utilizando éter etílico como disolvente.

5.6.7. Reacciones de los halógenos en disoluciones alcalinas

1. Colocar en tres tubos de ensayo 2 mL de agua de Cl_2, Br_2 y I_2 (preparada por disolución de unos cristales de I_2 en 2 mL de agua), respectivamente. Añadir a cada uno de ellos, gota a gota, 2 mL de una disolución 2 M de NaOH. Observar si se producen cambios de color. Añadir, a continuación, unas gotas de disolución I^-/almidón.
2. Colocar en un tubo de ensayo 2 mL de agua de Cl_2, añadir 2 mL de una disolución 2 M de NaOH y unas gotas de HCl concentrado. Por último, añadir unas gotas de disolución I^-/almidón.

5.6.8. Los halógenos como agentes oxidantes (frente a los iones haluro)

1. Colocar en tres tubos de ensayo media punta de espátula de KI, KBr y KCl, respectivamente, añadir a cada uno de ellos 1 mL de agua de Cl_2, agitar y añadir 2 mL de hexano agitando nuevamente.
2. Repetir utilizando agua de Br_2.
3. Repetir utilizando agua de I_2.

5.6.9. Propiedades oxidantes del hipoclorito

1. Añadir en un tubo de ensayo 1 mL de colorante, eritrosina B, y adicionar un volumen similar de una disolución de NaOCl al 6% comercial.
2. Añadir en un tubo de ensayo 2 mL de una disolución 0,5 M de $MnSO_4$ y adicionar un volumen similar de una disolución de NaOCl al 6% comercial.

5.6.10. Reacciones de los haluros alcalinos

5.6.10.1. Identificación y separación de haluros alcalinos

1. Colocar en tres tubos de ensayo media punta de espátula de KI, KBr y KCl, respectivamente, añadir cada uno de ellos 10 gotas de H_2SO_4 concentrado. Colocar en la boca del tubo de ensayo sin tocarla, papel indicador humedecido con agua destilada. Observar el viraje del papel indicador y el valor de pH.
    a. Repetir el experimento colocando en la boca del tubo de ensayo una tira de papel de filtro humedecida con una disolución de $PbAc_2$.
    b. Repetir el experimento colocando en la boca del tubo de ensayo una tira de papel de filtro humedecida con una disolución acidificada de $K_2Cr_2O_7$.
    c. Repetir el experimento colocando en la boca del tubo de ensayo una tira de papel de filtro humedecida con una disolución de I^-/almidón.
2. Repetir el experimento 1 (incluyendo subapartados a, b y c) mezclando una pequeña cantidad de MnO_2 antes de añadir el ácido sulfúrico, H_2SO_4.
3. Repetir el experimento 1 (incluyendo subapartados a, b y c) con ácido fosfórico, H_3PO_4, en lugar de H_2SO_4.
4. Poner en tres tubos de ensayo 1 mL de disolución 1 M de KCl, KBr y KI, respectivamente. Añadir, a continuación 1 mL de disolución de $AgNO_3$ y agitar.
5. Repetir el experimento 4 añadiendo unas gotas de disolución de $Pb(NO_3)_2$ en lugar de $AgNO_3$.

5.6.10.2. Determinación cualitativa de yoduro en una disolución antiséptica y en sal de mesa "yodada"

1. Añadir en un tubo de ensayo 10 mL de agua destilada, unas gotas de antiséptico y unas gotas de la disolución de almidón.
2. Preparar en un vaso de precipitados 20 mL de una disolución saturada de "sal de mesa yodada", tomar 5 mL de la disolución y añadir en un tubo de ensayo unas gotas de CH_3COOH, ácido acético, (1 M) y 1 mL de H_2O_2 al 10%. Por último añadir unas gotas de almidón al tubo.
3. Repetir el experimento 2 colocando en la boca del tubo de ensayo una tira de papel de filtro humedecida con una disolución de $PbAc_2$.

5.6.11. Obtención de fluoruro de hidrógeno y su acción sobre el vidrio

En la campana extractora de gases depositar 1 g de CaF_2 y 3 mL de ácido sulfúrico concentrado en un crisol de porcelana, y taparlo rápidamente con una lámina de vidrio recubierta hasta la mitad por una capa de parafina. Calentar con llama baja y con cuidado el crisol durante 5 minutos y después dejarlo enfriar. Enjuagar el vidrio con agua y eliminar la parafina. Examinar las superficies de ambas mitades.

5.7. Resultados

1. Explicar las observaciones encontradas en el experimento 5.6.3. Determinación cualitativa de halógenos.
2. Explicar las observaciones encontradas en el experimento 5.6.4. Obtención de cloro en el laboratorio. Escribir la ecuación de la reacción de obtención del cloro.
3. Explicar las observaciones encontradas en el experimento 5.6.5. Reacciones de los halógenos con agua.
4. Explicar las observaciones encontradas en el experimento 5.6.6. Solubilidad de los halógenos en disolventes orgánicos.
5. Explicar las observaciones encontradas en el experimento 5.6.7. Reacciones de los halógenos en disoluciones alcalinas.
6. Explicar las observaciones encontradas en el experimento 5.6.8. Capacidad oxidante de los halógenos (frente a los iones haluro).
7. Explicar las observaciones encontradas en el experimento 5.6.9. Propiedades oxidantes del hipoclorito. ¿Qué gas se obtiene como producto de la reacción y qué sustancia precipita? Escribir y discutir la reacción.
8. Explicar las observaciones encontradas en el experimento 5.6.10. Reacciones de los haluros alcalinos.
9. Explicar las observaciones encontradas en el experimento 5.6.11. Obtención de fluoruro de hidrógeno y su acción sobre el vidrio. Escriba la ecuación de la reacción de obtención del fluoruro de hidrógeno y la de su acción sobre el vidrio. ¿Puede ser envasado el ácido fluorhídrico en frascos de vidrio o porcelana?

5.8. Cuestiones

1. ¿Por qué los halógenos no se encuentran en la naturaleza en su forma elemental?
2. ¿Cuáles son los valores de presión de vapor para el bromo y el yodo? ¿Cómo afectan estos valores a su comportamiento cuando se almacenan en un cilindro cerrado?
3. ¿Cómo se justifica el aumento de los puntos de fusión y ebullición de los halógenos al descender en el grupo?
4. Encuentre las solubilidades en agua de los halógenos y justifique los valores de pH observados en sus disoluciones.
5. ¿Por qué los halógenos son más solubles en disolventes orgánicos que en agua?
6. ¿Qué reacciones se producen por la reacción de HCl con hipoclorito de calcio o con dicromato de potasio?
7. ¿Qué reacción se verifica entre Cl_2 (ó Br_2) y una disolución de I^-/almidón?
8. ¿Qué haluros pueden ser oxidados por cada halógeno? En términos del poder oxidante de los halógenos.
9. Escriba los semisistemas, con sus correspondientes E^0, de las reacciones de obtención de cloro. Compare la acción de MnO_2 y $KMnO_4$ como agentes oxidantes en ambos experimentos y señale que resultados obtuvo en los ensayos con I^-/almidón.
10. ¿Cual es la función del peroxido de hidrógeno en el experimento 5.6.10.2? ¿Qué conclusiones obtiene a partir de los resultados observados?

5.9. Bibliografía

1. C. E. Housecroft, A. G. Sharpe, *Química Inorgánica,* Ed. Pearson Educación, Madrid, 2006.
2. N.N. Greenwood, A. Earnshaw, *Chemistry of the Elements.* Ed Butterworth-Heinemann, 2nd Edition, Oxford 1997
3. G. Rayner-Canham, *Química Inorgánica Descriptiva.* Ed. Pearson Educación 2ª edición, México, 2000.

6. LA QUÍMICA DE LAS PISCINAS

6.1. Introducción

Las piscinas son, sin duda, una de las instalaciones públicas en las que los servicios de salud deben poner más atención, dado el potencial riesgo para la salud que suponen y el uso cada vez más extendido de las mismas.

La primera diferenciación en la normativa de piscinas las clasifica en instalaciones de uso público o privado. Si bien, dado que la normativa es de carácter autonómico debe tenerse en cuenta que la definición de piscina de uso público puede variar. Por ejemplo, una piscina privada pero con acceso a un determinado número de vecinos puede ser considerada piscina pública o piscina de uso colectivo, como sucede en gran parte de las actuales urbanizaciones que ofertan este atractivo servicio como parte de las dotaciones de las nuevas viviendas.

En el lenguaje de cualquier manual de mantenimiento del agua de una piscina encontramos instrucciones del siguiente tipo: Mida el pH al menos 1 vez por semana. El valor del pH del agua de la piscina debe estar comprendido entre 7,2 y 7,6. Al agregar agua nueva a la piscina analice el pH y el cloro y ajústelos, etc.

6.2. Objetivos

1. Estudio del pH del agua de una piscina y su influencia en otros parámetros.
2. Estudio de los procesos de cloración del agua.
3. Determinación del contenido en cloro de una muestra de agua.

6.3. Fundamento teórico

Los reactivos químicos utilizados en el mantenimiento de las piscinas incluyen el uso de desinfectantes, reactivos para mantener el nivel de pH y la alcalinidad del agua en niveles aceptables, agentes estabilizantes de los niveles de cloro, algicidas y floculantes o compuestos útiles en procesos de filtración.

Los parámetros básicos para medir la calidad del agua de las piscinas son:

- pH del agua: entre 7,2 y 7,6
- Dureza total de 200 a 400 mg/L
- Alcalinidad de 80 a 150 mg/L

El pH del agua puede medirse utilizando un indicador como el rojo fenol, siendo el que normalmente se comercializa impregnando las tiras de papel del kit de medida. El rojo fenol proporciona una serie de colores útiles como referencia para efectuar una lectura de pH. A pH 7,5 la disolución presenta un tono naranja mezcla de amarillo y fucsia, las formas ácida y básica del indicador, respectivamente.

Aunque el pK_{a2} del rojo fenol es 7,96, el cambio de color se produce en torno a 7,5, ya que la absortividad de la forma básica del indicador es tres veces superior a la absortividad de la forma ácida. Las formas de ajustar el pH de la piscina son mediante adición de HCl o hidrogenosulfato de sodio (ácido seco) para disminuirlo o por adición de carbonato de sodio para aumentarlo.

El proceso de desinfección de las aguas más habitual es el conocido como cloración. El cloro gas es parcialmente soluble en agua, sin embarbo, en disolución se encuentran distintas especies ya que se produce rápidamente una reacción de desproporción e hidrólisis que disminuye el pH del agua.

$$Cl_2\,(g) \leftrightarrows Cl_2\,(ac) \qquad K_1$$
$$Cl_2\,(ac) + H_2O \leftrightarrows HClO\,(ac) + H^+\,(ac) + Cl^-\,(ac) \quad K_2$$

Siendo $K_1 = 0{,}062$ y $K_2 = 4{,}2.10^{-4}$. De este modo, para disoluciones saturadas de Cl_2 (1 atm a 25 ºC origina una disolución acuosa al 0,73% en peso) existen concentraciones apreciables de ácido hipocloroso $[HClO] = [H^+] = [Cl^-] = 0{,}030$ M y de cloro acuoso $[Cl_2] = 0{,}064$ M. Sin embargo, el agua de las piscinas no está saturada de cloro, a pH superiores a 4 el equilibrio se encuentra desplazado a la derecha y la cantidad de cloro libre en disolución es muy pequeña.

El ácido hipocloroso es un ácido débil parcialmente disociado

$$HClO \leftrightarrows H_3O^+ + OCl^- \qquad K_d = \frac{[H_3O^+][ClO^-]}{[HClO]} = 2{,}9.10^{-8}$$

Aunque ambas formas, ácido hipocloroso e hipoclorito, eliminan bacterias, el ácido hipocloroso es más potente. Se trata de una molécula neutra que atraviesa fácilmente las paredes celulares de los microorganismos, oxida moléculas vitales (enzimas) y produce su muerte.

La solubilidad del cloro en aguas, aumenta considerablemente al hacerlos reaccionar con bases según la reacción:

$$Cl_2\,(g) + 2\,NaOH\,(ac) \leftrightarrows NaCl\,(ac) + NaClO\,(ac) \qquad K = 7{,}5.10^{15}$$

Para esta reacción la constante de equilibrio es muy favorable y además es una reacción rápida. La mayoría de lejías y agentes blanqueadores domésticos son disoluciones de NaClO al 5%. Al adicionar hipoclorito al agua se produce la hidrólisis del anión liberando iones hidróxido y aumentando el pH.

$$OCl^-\,(ac) + H_2O \leftrightarrows HClO\,(ac) + OH^-\,(ac)$$

El ión hipoclorito refuerza la acción desinfectante de las disoluciones de cloro ya que presenta una importante acción oxidante. El ion OCl^- se reduce a Cl^- inactivo al actuar como biocida.

$$OCl^- + 2H^+ + 2e^- \rightarrow Cl^- + H_2O$$

Se estima que en un día de verano el 90% del cloro libre presente en la piscina puede destruirse en unas 2 horas, dada la reacción de descomposición del ácido hipocloroso.

$$2HClO \leftrightarrows 2HCl + O_2$$

El pH del agua va a determinar la posición del equilibrio de disociación del ácido HClO. Se trata de un equilibrio especialmente sensible en el rango de pH entre 6 y 8. Como puede observarse en el diagrama de distribución de este ácido (Figura 6.1.) a pH elevado la acción desinfectante del cloro disminuye ya que se encuentra principalmente en forma de hipoclorito OCl^-. Por ejemplo, a pH 7, el 78% del cloro existe en forma de HClO y al aumentar el pH a 8 esta cantidad se reduce a aproximadamente el 26%.

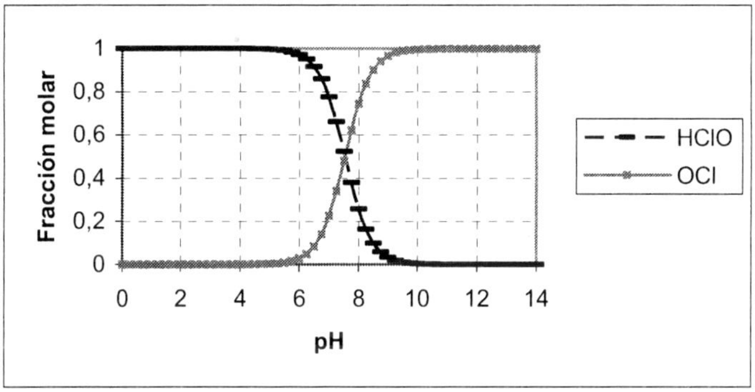

Figura 6.1. Diagrama de distribución del acido hipocloroso

Las fuentes de cloro (capaces de generar HClO en el agua) utilizadas en el proceso de cloración de piscinas son variadas. Se distingue cloro gas, líquido y sólido. En primer lugar, el cloro gaseoso, que por su toxicidad y dificultad de manipulación es en un reactivo usado ocasionalmente en la cloración de grandes piscinas municipales. Como cloro líquido se utilizan disoluciones acuosas de NaOCl al 12,5%, y por último, el cloro sólido son pastillas de $Ca(OCl)_2$ del 65% de riqueza o cloroisocianuratos conocidos comercialmente como dichlor y trichlor (dicloroisocianurato de sodio o ácido tricloroisocianurico).

Estos compuestos, capaces de generar HClO en el agua, proporcionan el valor del conocido como cloro libre o cloro disponible (FAC); una medida del poder biocida del cloro activo en un compuesto expresado en términos de cloro elemental como un porcentaje en peso. Se trata, en resumen, de la cantidad de cloro en agua que no ha reaccionado con otras sustancias.

Fuente de cloro	Fórmula y estructura química	Porcentaje en peso en agua (% peso)
Cloro gaseoso	Cl_2	100
Hipoclorito de sodio (12,5 %)	$NaOCl$	12
Hipoclorito de calcio (65 %)	$Ca(OCl)_2$	65
Dicloisocianurato de sodio (Dichlor, NaDCC) Anhidro dihidratado	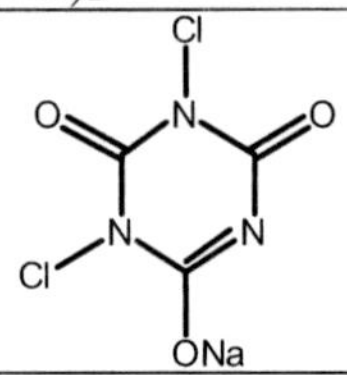	 62-63 55-56
Ácido tricloroisocianurico (Trichlor, TCC)	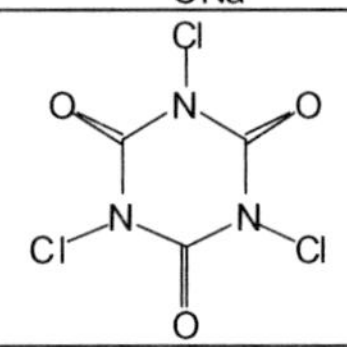	89-91

Tabla 6.1. Formas de cloro libre disponible

La ventaja que presentan compuestos como el dichlor y el trichlor es que actúan como estabilizantes del cloro evitando su degradación. Reaccionan con el agua para formar ácido cianúrico y ácido hipocloroso. Sin embargo, este último permanece enlazado al ácido cianúrico que lo libera para que ejerza su función como biocida.

El cloro combinado es la cantidad de cloro que ha reaccionado con otras sustancias químicas presentes en el agua, principalmente amoniaco y aminas (presentes en las proteínas) procedentes de la orina y el sudor fundamentalmente, para formar cloraminas (NH_2Cl, $NHCl_2$, NCl_3). Estos derivados no presentan ninguna capacidad de desinfección, más bien al contrario provocan irritación de la piel y ojos, y el típico olor a "cloro" de las piscinas si los valores superan los 0,2 ppm. Cuando estos valores se superan es el momento de someter al agua de la piscina a un proceso de supercloración, es necesario aumentar la cantidad de cloro hasta 10 ppm lo que provoca una oxidación de las cloraminas presentes en el agua, originando NCl_3 que descompone para dar nitrógeno y cloro. El proceso global convierte amoniaco en nitrógeno gaseoso.

$$2\,NH_3 + 3\,HClO \leftrightarrows N_2 + 3\,HCl + 3\,H_2O$$

Un método ampliamente utilizado para la medida de cloro en piscinas, en el que se basan algunos kits comerciales, es el método de la DPD (N,N-dietil-p-fenilendiamina). La DPD se oxida en presencia de "cloro" para dar dos productos diferentes. A valores de pH próximos a la neutralidad se obtiene un catión radical de color fucsia, conocido como colorante de Würster y un derivado imina incoloro y relativamente inestable. En la determinación volumétrica de cloro, la DPD se utiliza como indicador y una disolución estandarizada de Fe(II) como agente valorante.

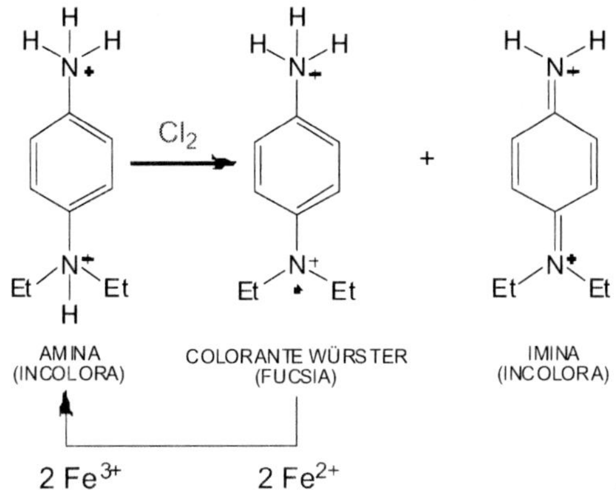

Esquema 6.1. Reacción del indicador DPD

6.4. Aparatos y material

Balanza analítica
Kit comercial de medida de pH y cloro
Matraces Erlenmeyer de 250 mL
Pipetas de 5 y 10 mL
Soporte o pie
Vasos de precipitados de 100 y 250 mL
Gradilla y tubos de ensayo
Matraces aforados de 50, 100, 250 mL
Pipeta Pasteur con tetina de goma
Probeta de 100 mL
Varilla de vidrio
Vidrio de reloj o pesasustancias

6.5. Reactivos

Ácido acético
Ácido clorhídrico
Ácido sulfúrico
Ácido etilendiaminotetraacético ((sal disódica hidratada))
Agua destilada
Agua Milli-Q
Amoniaco
Cloruro de amonio
Dicloisocianurato de sodio
Dihidrogenofostato de potasio anhidro
Hipoclorito de calcio
Hipoclorito de sodio 12,5 %
Monohidrogenofosfato de sodio
Rojo fenol
Sulfato doble de diamonio-hierro (II) (sal de Mohr o Sulfato de hierro (II) amoniacal)
Sulfato de N,N-dietil-p-fenilendiamina (anhidro)
2,4,6-Triamino-1,3,5-triazina
Yoduro de potasio

6.6. Procedimiento experimental

6.6.1. Precauciones a tener en cuenta

1. Asegúrese de calibrar el pH-metro con los patrones comerciales adecuados.
2. Asegúrese de limpiar con abundante agua destilada y secar convenientemente el electrodo de vidrio utilizado en el pH metro entre medidas.

6.6.2. Preparación de disoluciones

Disolución de rojo fenol. Se disuelven 0,1 g de indicador rojo fenol en aproximadamente 2,5 mL de hidróxido de sodio 0,1 M, la mezcla se transfiere a un matraz aforado de 100 mL y se enrasa con agua destilada. El matraz se agita hasta homogeneizar la disolución.

Disolución de HCl 0,1 M. Se pipetean 0,82 mL (ρ= 1,19 g/mL, 35%) de ácido clorhídrico comercial y se añaden sobre un vaso de precipitados que contenga 80 mL de agua. La mezcla se transfiere a un matraz aforado de 100 mL y se enrasa con agua destilada. El matraz se agita hasta homogeneizar la disolución.

Disolución de NaOH 0,1 M. Se pesan 0,41 g (40 g/mol, 98%) de NaOH y se disuelven en aproximadamente 80 mL de agua destilada en un vaso de precipitados, la mezcla se transfiere a un matraz aforado de 100 mL y se enrasa. El matraz se agita hasta homogeneizar la disolución.

Disolución de NH_3 0,1 M. Se pipetean 1,4 mL (ρ= 0,9 g/mL, 28%) de amoníaco comercial y se añaden sobre un vaso de precipitados que contenga 80 mL de agua. La mezcla se transfiere a un matraz aforado de 100 mL y se enrasa con agua destilada. El matraz se agita hasta homogeneizar la disolución.

Disolución amortiguadora NH_4^+/NH_3. En un vaso de precipitados de 100 mL se disuelven 3,4 g de NH_4Cl en 30 mL de NH_3 concentrado. La disolución en un matraz aforado se lleva a un volumen final de 50 mL con agua destilada.

Disolución amortiguadora HAc/Ac$^-$. En un vaso de precipitados de 250 mL se disuelven 3 g de NaAc, en 18,4 mL de ácido acético glacial, la disolución en un matraz aforado se lleva a un volumen final de 250 mL con agua destilada.

Disolución amortiguadora $H_2PO_4^-/HPO_4^{2-}$. En un vaso de precipitados de 250 mL se disuelven 11,5 g de KH_2PO_4, 6 g de Na_2HPO_4 y 0,2 g de EDTA en aproximadamente 200 mL de agua destilada. La mezcla se transfiere a un matraz aforado de 250 mL y se ensasa.

Disolución de KI al 7 % (p,p) En un vaso de precipitados se disuelven 7 g (166,00 g/mol) de KI en aproximadamente 80 mL de agua. La mezcla se transfiere a un matraz aforado de 100 mL y se enrasa. Es conveniente almacenar la disolución en un frasco de color topacio y en frío, siendo necesario desechar la disolución cuando esta tome un color amarillo.

Disolución de KI al 0,5 %. Se pipetean 7,15 mL de la disolución anterior, se llevan a un matraz de 100 mL y se enrasa con agua destilada.

Disolución de almidón al 1 % (p/v). Se añaden 1 g de almidón soluble en 100 mL de agua destilada. La mezcla se calienta y agita hasta que se produce la total disolución.

(Puesto que la disolución de almidón se degrada, las disoluciones deben ser recientes o se deben preparar adicionando algún conservante como HgI_2)

6.6.3. Medidas de pH

En este apartado se utilizan diferentes sistemas de medidas de pH. En primer lugar y utilizando un pH-metro comercial se mide el pH de las distintas muestras suministradas en el laboratorio. Para medir el valor de pH es necesario sumergir la celda en la disolución a medir de modo que se cubra el electrodo de medida y mantener la muestra en constante agitación. En segundo lugar, se mide el pH de las mismas muestras utilizando para ello un indicador el rojo fenol. Para ello se preparan en una gradilla 5 tubos de ensayo que contengan 5 mL de una disolución de HCl 0,1 M, CH_3COOH 0,1 M, tampón CH_3COONa/CH_3COOH, agua destilada, tampón NH_4Cl/NH_3, NH_3 0,1 M y NaOH 0,1 M, respectivamente. En todos ellos se añade una gota de indicador, al igual que en las muestras. Por comparación con las muestras patrón existentes, se registrará el intervalo de pH de dichas muestras. Por último, se realiza la medida de pH de nuestras muestras utilizando un kit comercial, basado también en el indicador rojo fenol. Se observará la escala de colores del kit comercial y el intervalo de valores de pH esperado para una muestra real.

6.6.4. Cloración de agua

Se pipetea la cantidad adecuada de NaOCl comercial (10-15%) (Cloro líquido) para preparar 250 mL de una disolución de agua clorada de 100 ppm de concentración. A partir de esta disolución y, por dilución, se preparan en 2 matraces aforados de 100 mL disoluciones de 1 y 3 ppm, respectivamente. Estos datos están dentro de los considerados óptimos para el agua de una piscina de uso público. Se repite el procedimiento utilizando $Ca(OCl)_2$ comercial (60-75%), (cloro sólido) o dicloroisocianurato de sodio (NaDCC) (dichlor). En el siguiente experimento se procederá a la medida de la cantidad de cloro de las mencionadas disoluciones.

6.6.5. Medida de cloro en agua

La suma de cloro disponible y cloro combinado se conoce como cloro total. A efectos prácticos, el nivel de cloro total en el agua de una piscina debe mantenerse entre 1-3 ppm. Los test comerciales deben ser capaces de medir tanto el cloro disponible como el combinado. La N,N-dietilfenilendiamina, DPD, forma un compuesto coloreado cuando se oxida en presencia de cloro libre, se conoce como colorante tipo Würster. Cuando la DPD reacciona con cantidades pequeñas de cloro el colorante Würster es el principal producto de oxidación, sin embargo, si los niveles de cloro exceden 5 ppm se favorece la formación del compuesto imina incoloro, observándose en este caso como tras la adición de la DPD a la disolución problema esta toma inmediatamente un color rosa que desaparecerá a los pocos segundos.

Para determinar el nivel de cloro combinado se adiciona anión I^- que en presencia de cloraminas es oxidado a I_2, y forma el anión I_3^- dado el exceso de I^- en el medio. El anión I_3^- es, por tanto, el responsable de la oxidación de DPD y su cambio de color.

6.6.5.1. Preparación de la disolución indicadora N,N-dietil-p-fenilendiamina (DFD).

Se pesan 0,12 g de sulfato de N,N-dietil-p-fenilendiamina anhidro y se disuelven en 80 mL de agua de calidad Milli-Q (libre de cloro) que contiene 2 mL de ácido sulfúrico y 50 mg de EDTA. La mezcla se transfiere a un matraz de 100 mL y se enrasa con agua Milli-Q. La disolución debe conservarse en un frasco de vidrio de color topacio en la oscuridad y debe desecharse una vez que se decolora.

6.6.5.2. Preparación de la disolución estándar de sulfato doble de diamonio-hierro(II) o sulfato de hierro(II) amoniacal.

Se pesan exactamente 1,106 g de $Fe(NH_4)_2(SO_4)_2 \cdot 6H_2O$ en una balanza analítica y se disuelven en agua destilada previamente hervida a la que se ha añadido 1 mL de ácido sulfúrico. La mezcla se homogeniza, se transfiere a un matraz aforado de 1 L y se enrasa con agua destilada hervida y fría. La disolución estándar debe conservarse en un frasco de vidrio de color topacio, bien cerrada y en la oscuridad. A efectos de cálculos 1 mL de esta disolución consume 1,0 mg de cloro total durante el proceso de valoración de las muestras.

6.6.5.3. Estandarización de la disolución de sulfato de hierro (II) amoniacal con dicromato de potasio.

Se pipetean 10 mL de muestra en un matraz Erlenmeyer donde se adicionan 0,5 mL de ácido sulfúrico concentrado, 0,25 mL de ácido fosfórico concentrado y unas gotas de ferroína como disolución indicadora, preparada por disolución de 0,695 g de $FeSO_4 \cdot 7H_2O$ y 1,625 g de o-fenantrolina $\cdot H_2O$ en 100 mL de agua. La muestra se valora con una disolución patrón de dicromato de potasio 0,01 M (preparada por disolución de 0,0735 g de dicromato de potasio en 1 L de agua) hasta que el color de la disolución problema vira de rojo a azul, se observa claramente la desaparición de la tonalidad roja.

6.6.5.4. Determinación de cloro en agua.

Se adicionan 5 mL de disolución amortiguadora de fosfatos y 5 mL de la disolución indicadora de DPD en una matraz Erlenmeyer de 250 mL, posteriormente se adicionan 100 mL de la muestra y la mezcla se homogeniza mediante agitación (Si la muestra se adiciona con anterioridad el experimento no funciona). Seguidamente se valora con la disolución patrón de sulfato de hierro(II) amoniacal hasta la desaparición del color rojo del indicador. En esta primera etapa, se procede a la titulación del cloro libre disponible en la muestra. A continuación, a la disolución resultante se le adicionan dos gotas de la disolución de KI al 0,5 % y se mezcla. Si la disolución toma color rojo, se vuelve a adicionar valorante desde la bureta hasta que de nuevo el color rojo desaparezca, de modo que se pueda determinar la existencia de monocloramina. Finalmente, a la disolución resultante se le añade 1g de KI sólido, se disuelve mediante agitación y se deja reposar unos minutos. Si el color rojo de la disolución persiste se continúa la adición de agente valorante hasta que el color rojo desparezca. Para concentraciones de dicloramina mayores a 1 mg/L es necesario dejar reposar durante unos minutos adicionales, si se produce un retroceso del color es que la reacción es incompleta. En este tercer paso se determinará la presencia de dicloramina en la muestra. Es necesario anotar en cada paso el volumen de agente valorante consumido. El proceso de valoración se realizará un mínimo de dos veces.

Por último, se realiza la medida de cloro de las muestras utilizando un kit comercial, basado también en el indicador DPD. Se observa la escala de colores del kit comercial y el intervalo de valores de cloro esperado para una muestra real.

Figura 6. 2. Kit comercial de medida de cloro y pH

6.6.6. Determinación cualitativa de cloraminas en agua

Se toma una alícuota de 10 mL de muestra y se deposita en un tubo de ensayo al que se adicionan 1 mL de HCl 0,1 M y 10 gotas de KI al 7% y se deja reposar durante unos minutos, posteriormente a la muestra se le adiciona la disolución de almidón al 1% y se observa la aparición del color azul si la prueba resulta positiva.

6.6.7. Determinación cualitativa de cianuratos en agua

Se toma una alícuota de 10 mL de muestra y se le añade una punta de espátula de melamina (2,4,6-triamino-1,3,5-triazina) para producir un precipitado y la aparición de cierta turbidez en el tubo de ensayo, en caso de que el ensayo sea positivo.

6.7. Resultados

1. Explicar las observaciones encontradas en el experimento 6.6.3. Medidas de pH.
2. Escribir los cálculos realizados para preparar las distintas muestras en el experimento 6.6.4.
3. Escribir la ecuación redox en la que se basa en proceso de estandarización de la disolución de sulfato de hierro (II) amoniacal. Explicar las observaciones encontradas durante el experimento y los cálculos realizados para determinar la concentración del agente valorante.
4. ¿Qué contenido en cloro presentan las distintas muestras preparadas en el experimento 6.6.4? ¿Existen diferencias al utilizar los distintos sistemas de medida?
5. Explicar las observaciones encontradas en el experimento 6.6.5. Medida de cloro en agua.
6. ¿Cuáles son los valores de pH que se pueden medir utilizando el kit comercial? ¿Cuáles son los valores de cloro?
7. Explicar las observaciones encontradas en el experimento 6.6.6. Determinación cualitativa de cloraminas en agua.
8. Explicar las observaciones encontradas en el experimento 6.6.7. Determinación cualitativa de clorocianuratos en agua.

1.8. Cuestiones

1. ¿Qué ventajas e inconvenientes ofrece el proceso de cloración con Cl_2 gaseoso? ¿Y con hipoclorito de calcio?
2. ¿En que consiste el proceso de supercloración?
3. ¿Cómo afecta el pH al valor de cloro total en una piscina?
4. ¿Por qué es necesario estandarizar la disolución de Fe(II)? ¿Por qué es conveniente almacenarla en un frasco color topacio? Escriba la ecuación química del proceso de valoración con dicromato de potasio convenientemente ajustada.
5. El NaOCl no es estable en estado sólido, se comercializa como disoluciones con un porcentaje en peso entre 10-15 %. El nivel del cloro en esta disolución vendrá dado por la siguiente expresión Cl/NaOCl = 35,5/74,5 = 0,48; siendo 35,5 y 74,5 los pesos atómico y molecular de Cl y NaOCl, respectivamente. Si multiplicamos por dos, ya que por definición el Cl_2 gas tiene un nivel de cloro del 100%, se obtiene una relación de 0,96, de modo que una disolución de NaOCl al 10% tendrá un 9,6 % de cloro disponible (Ver tabla 6.1). A partir de estos datos calcule el nivel de cloro disponible para una disolución de LiOCl al 30% y para una disolución de $Ca(OCl)_2$ al 65%.
6. ¿Por qué en ocasiones las personas teñidas de rubio que usan con frecuencia la piscina, sufren una evolución del color de su cabello hacia tonos verdosos?

1.9. Bibliografía

1. C. Salter, D. L. Langhus. *J. Chem. Ed.* 2007, 84, 1124.
2. G. Pinto, b. Rohrig. *J. Chem. Ed.* 2003, 80, 41.
3. Kit para determinación de cloro y pH en piscinas. LAB MOL. Reactivos para análisis.
4. N.N. Greenwood, A. Earnshaw, *Chemistry of the Elements.* Ed Butterworth-Heinemann, 2nd Edition, Oxford, 1997.

7. QUÍMICA DEL CROMO. SÍNTESIS DE SALES

7.1. Introducción

Al igual que ocurre con otros metales de transición, el cromo, como elemento cabecera del grupo, presenta bastantes diferencias con los otros elementos del grupo, mucho más parecidos en comportamiento. Una de estas diferencias es la distinta estabilidad de los estados de oxidación. El máximo estado de oxidación del grupo es un estado oxidante para el elemento cabecera del mismo. En este caso, el cromo en estado de oxidación +6 es fuertemente oxidante y se reduce fácilmente para alcanzar el estado de oxidación +3, el más estable para cromo. Sin embargo, a pesar de su inestabilidad termodinámica, se conocen compuestos de cromo en estado de oxidación +6, como cromatos y dicromatos, siendo el dicromato de potasio, uno de los reactivos más comunes en un laboratorio de química. También se conocen especies de cromo en estados de oxidación inferiores.

7.2. Objetivos

1. Dominar la química redox del cromo, razonando la estabilidad relativa de cada especie según su estado de oxidación.
2. Alcanzar habilidad en el laboratorio para la síntesis de compuestos sensibles al aire.

7.3. Fundamento teórico

El acetato de cromo(II), como todas las sales de cromo(II), es una sal muy sensible al oxígeno, aunque la velocidad de oxidación es lo suficientemente lenta como para que su síntesis se pueda abordar en cualquier laboratorio de química. El acetato de cromo(II) es un compuesto de color rojo, dímero, donde cada ión cromo presenta un entorno octaédrico y cuatro de las seis posiciones se encuentran ocupadas por los oxígenos de los grupos acetato, los cuales, además, actúan como puente entre los dos átomos de cromo. Las otras dos posiciones del octaedro las completan una molécula de agua y un enlace cromo-cromo cuádruple.

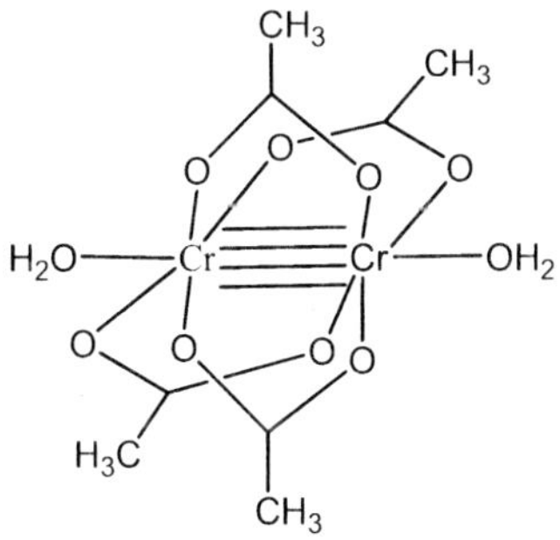

Figura 7.1. Estructura del compuesto acetato de cromo(II)

La síntesis de acetato de cromo(II), se realiza a partir de dicromato de potasio, mediante una reacción de reducción con cinc en presencia de un ácido fuerte, obteniéndose en primer lugar el catión cromo(III), que en estas condiciones puede ser nuevamente reducido a cromo(II), fácilmente identificable por su espectacular color azul cielo.

$$Cr_2O_7^{2-} + 14\ H^+ + 3\ Zn \rightarrow 2\ Cr^{3+} + 7\ H_2O + 3\ Zn^{2+}$$
$$2\ Cr^{3+} + Zn \rightarrow 2\ Cr^{2+} + Zn^{2+}$$

Finalmente, el catión cromo(II) reacciona con el acetato de sodio presente en el medio formando acetato de cromo(II), un sólido de color rojo, insoluble en el medio de reacción.

$$2\ Cr^{2+} + 4\ OAc^- + 2\ H_2O \rightarrow [Cr_2(OAc)_4(H_2O)_2]$$

Dada la gran inestabilidad de las especies de cromo(II) y su tendencia a oxidarse, es necesario realizar esta síntesis con las debidas precauciones, evitando en la medida de lo posible el contacto con el aire.

El alumbre de cromo, sintetizado en la segunda parte del presente experimento, es una especie estable donde el cromo se encuentra en estado de oxidación (III). El término de alumbre se refiere a sales dobles hidratadas, de fórmula general, $M^IM^{III}(SO_4)_2 \cdot xH_2O$, que contienen el anión sulfato, un catión monovalente, generalmente amonio, sodio o potasio y un catión trivalente, como aluminio, hierro o como en este caso cromo.

Una forma habitual de preparar un alumbre en el laboratorio es a partir de la mezcla equimolar de sulfatos; en este caso sulfato de potasio y sulfato de cromo(III). Es posible obtener esta mezcla equimolar partiendo de dicromato de potasio, por reacción de una disolución acidulada con ácido sulfúrico frente a etanol.

$$K_2Cr_2O_7 + 4\ H_2SO_4 + 3\ CH_3CH_2OH \rightarrow Cr_2(SO_4)_3 + K_2SO_4 + 7\ H_2O + 3\ CH_3CHO$$

En la reacción se forma la misma cantidad del sulfato de cromo(III) y de sulfato de potasio y la cristalización de la mezcla da lugar a la formación de cristales, de color violeta, correspondientes al alumbre de cromo. En esta reacción, es necesario controlar la temperatura, ya que un aumento de la misma conduce a reacciones laterales no deseadas relacionadas con el intercambio de ligandos "acua" coordinados al átomo de cromo por ligandos sulfato. Como consecuencia existe un cambio de color desde una tonalidad violeta, característica del ión cromo(III) hidratado,

$[Cr(H_2O)_6]^{3+}$ hacia una tonalidad verdosa típica del complejo donde se ha producido la sustitución del agua por un ión sulfato.

$$[Cr(H_2O)_6]^{3+} + SO_4^{2-} \rightarrow [Cr(H_2O)_5(SO_4)]^{+} + H_2O$$

7.4. Material

Cristalizador
Embudo cónico
Frasco lavador
Llave con oliva
Matraz Kitasato con esmerilado
Núcleo magnético
Pinza de matraz
Placa agitadora
Placa filtrante nº4 sin vástago
Suministro de nitrógeno
Tubos de ensayo
Varilla de vidrio
Elevador
Esmerilado con oliva acodado
Junta de goma de matraz Kitasato
Matraz aforado de 100 mL
Matraz Kitasato sin esmerilado
Pesasustancias o vidrio de reloj
Pipeta de 10 y 5 mL
Placa Filtrante nº2
Soporte o pie
Termómetro
Uniones de goma
Vasos de precipitados de 100 y 250 mL

7.5. Reactivos

Acetato de sodio
Amoníaco
Cromato de potasio
Etanol
Hidróxido de sodio
Yodo
Ácido sulfúrico
Carbonato de sodio
Dicromato de potasio
Éter etílico
Peróxido de hidrógeno
Cinc en polvo

7.6. Procedimiento experimental

7.6.1. Precauciones a tener en cuenta

1. El montaje experimental necesario para el experimento debe de realizarse en una campana extractora de gases, ya que se utilizan sustancias extremadamente corrosivas como el ácido clorhídrico y las reacciones producidas son muy exotérmicas. Por ejemplo, la reacción del cinc con ácido clorhídrico es muy violenta y debe realizarse con mucha precaución.
2. El cinc que haya sobrado en el experimento se destruye con cuidado en un vaso añadiendo HCl y una vez terminada la reacción se desecha el contenido al bidón de residuos de ácidos.

7.6.2. Preparación de disoluciones

Disolución de H_2O_2 al 6 % (p/v): Se pipetean 18 mL de una disolución de H_2O_2 (ρ = 1,11 g/mL, 30%) y se añaden a un matraz aforado de 100 mL. A continuación se añade agua destilada hasta el enrase y se agita para homogeneizar.
Disolución de NH_3 3 M: Se pipetean 22,7 mL de una disolución de amoníaco concentrado (ρ = 0,90 g/mL, 25%) y se añaden a un matraz aforado de 100 mL. Se enrasa con agua destilada y se agita para homogeneizar.
Sisolución de H_2SO_4 0,5 M: Se pipetean 2,7 mL de ácido sulfúrico concentrado. (98 g/mol, ρ=1,84 g/mL, 98%) y se añaden en un vaso de precipitados con unos 15 mL de agua. La mezcla se transfiere a un matraz aforado de 100 mL y se enrasa. Finalmente el matraz se agita para homogeneizar
Disolución de NaOH 2 M: Se pesan 8,2 g (40,00 g/mol, 98%) de NaOH y se disuelven en 80 mL de agua en un vaso de precipitados. La mezcla, una vez fría, se transfiere a un matraz aforado de 100 mL y se enrasa con agua destilada. Finalmente, se agita para homogeneizar.

7.6.3. Síntesis de Acetato de cromo(II)

Se pesan 5 g de $K_2Cr_2O_7$ en un vidrio de reloj y se transfieren a un vaso de precipitados de 100 mL donde se añaden con cuidado 25 mL de HCl concentrado. Se introduce un núcleo magnético en el vaso y se agita (con precaución para evitar salpicaduras) durante unos 15 o 20 minutos, hasta que todo el sólido se ha disuelto, formándose una disolución verde muy densa. Paralelamente, se disuelven 25 g de NaAc (acetato de sodio) en 75 mL de agua destilada, calentando suavemente, si es necesario, para poder disolver toda la sal. A continuación, se desoxigena la disolución de acetato de sodio preparada. Para ello, se borbotea nitrógeno con la ayuda de una varilla de vidrio hueca o una aguja metálica conectada a la toma de salida de la botella de gas mediante una goma flexible.

Para continuar con el desarrollo del experimento se prepara el montaje experimental de la figura 2. Como puede observarse en dicho montaje la salida del frasco lavador (1) se conecta a la llave con oliva (2) mediante un trozo de goma, esta llave debe dejarse abierta en la primera parte del experimento. La entrada del frasco lavador se conecta, también, mediante un trozo de goma a la oliva de la pieza esmerilada (3). El esmerilado debe ajustarse con la ayuda de una goma de matraz Kitasato (4) a la placa filtrante (5), intentando que la pieza de goma no toque el fondo de la placa. Es importante, ajustar bien esta conexión e intentar evitar que queden huecos por donde pueda entrar el aire, tal y como se muestra en la figura 7.2. También, es necesario sujetar bien tanto el frasco lavador como la placa filtrante al pie soporte. El frasco lavador debe, a su vez, encontrarse en una posición elevada respecto a la placa filtrante.

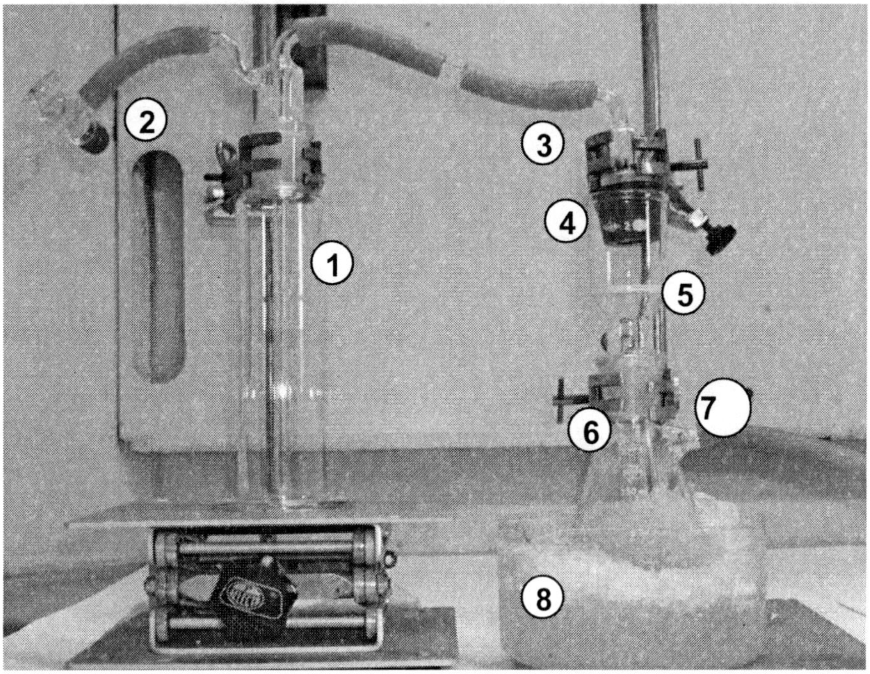

Figura 7.2. Montaje experimental para la obtención de acetato de cromo(II).

Seguidamente y antes de continuar el experimento se prepara un vaso de precipitados con 160 mL de agua destilada y un tubo de ensayo con 10 mL de éter etílico que se utilizarán para lavar el producto obtenido. Ambos se desoxigenan por borboteo de nitrógeno gas durante el período de tiempo necesario para la reacción de síntesis de la sal de cromo(II) y se reservan en hielo.

Una vez finalizados los pasos anteriores, la disolución de acetato de sodio, desoxigenada mediante el borboteo de nitrógeno gas, se trasvasa a un matraz Kitasato con esmerilado (6) y éste se acopla con la placa filtrante (5). La salida del matraz Kitasato (7) se conecta, a su vez, a una toma de vacío (sin abrir). La temperatura necesaria para conseguir la precipitación del compuesto que se pretende preparar, acetato de cromo(II), se consigue por enfriamiento con hielo picado del matraz Kitasato (8). En este punto del experimento el cinc metálico se trasvasa al frasco lavador y se inicia la reacción por la lenta y cuidadosa adición de la disolución de dicromato de potasio en ácido clorhídrico (en este paso una mezcla rápida de los reactivos podría provocar que las burbujas del gas generado empujen la disolución fuera de frasco). Cuando finaliza la adición, se añaden otros 25 mL de HCl concentrado para arrastrar cualquier resto de dicromato que haya quedado en el vaso de precipitados. En este momento, se coloca la parte de superior del frasco lavador, y se comprueba que el sistema se encuentra bien sujeto y todas las conexiones sean las adecuadas.

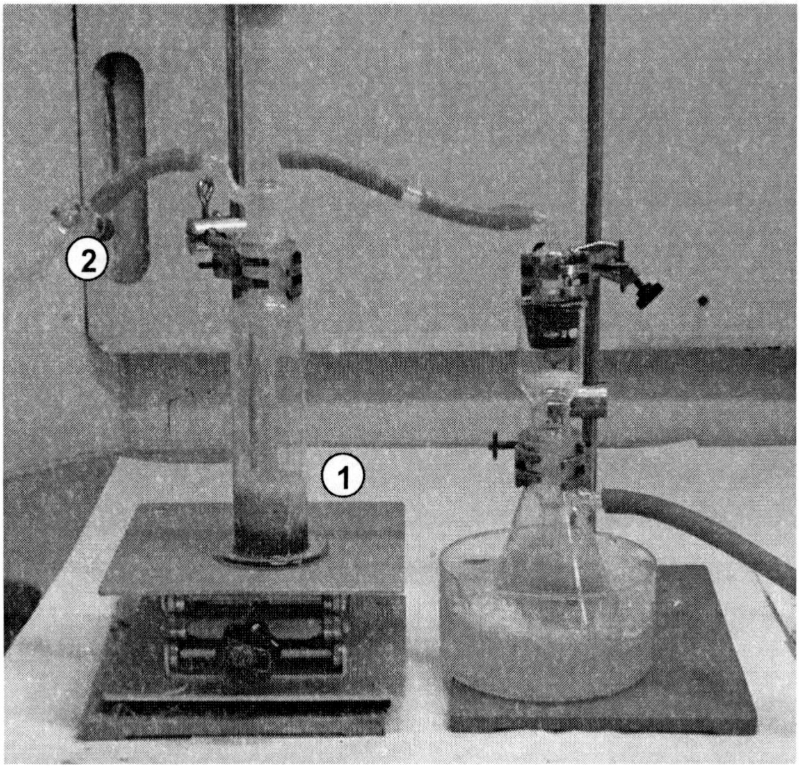

Figura 7.3. Síntesis de acetato de cromo(II). 1. Reacción entre el cinc y la disolución de dicromato de potasio en HCl. 2. Llave.

La reacción continua hasta que el contenido del frasco lavador adquiera un color azul cielo, en este momento, se cierra la llave (2) y al no existir salida para el hidrógeno generado en la reacción, éste impulsa la disolución a través del montaje experimental (Fig. 7.3), en este paso se puede arrastrar parte del cinc metálico que, sin embargo, quedará retenido en la placa filtrante, pasando únicamente la disolución azul de cromo(II) al matraz Kitasato que contiene, a su vez, la disolución de acetato de sodio. (En caso de que la disolución no pase rápidamente se puede abrir momentáneamente el vacío para acelerar su paso).

Figura 7.4. Borboteo con nitrógeno sobre disolución de acetato de cromo(II)

Cuando en el matraz Kitasato se produce la aparición de acetato de cromo(II), un sólido de color rojo, el matraz se desmonta y sobre la disolución se borbotea nitrógeno gas a través de una aguja metálica o varilla hueca conectada a la toma de nitrógeno gas mediante una goma flexible (Fig. 7.4).

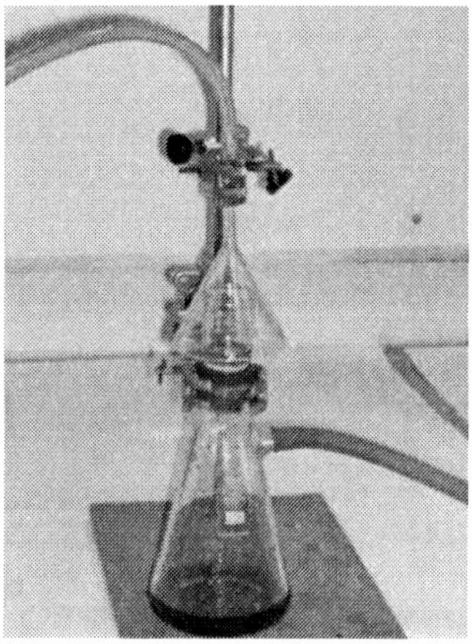

Figura 7.5. Detalle del método empleado en la filtración

A continuación, el sólido rojo obtenido se filtra a vacío utilizando una placa filtrante del nº 4 sin vástago (previamente tarada) acoplada a un matraz Kitasato mediante una goma. El proceso de filtración es un paso delicado ya que el acetato de cromo(II) sintetizado se oxida fácilmente. Por ello, no se debe pasar aire a través del sólido y es necesario interrumpir el vacío una vez que se ha filtrado todo el líquido. Con el objetivo de asegurar la existencia de una atmósfera inerte durante la filtración, se coloca un embudo invertido sobre la placa, conectado a través de su vástago a la toma de nitrógeno mediante una goma flexible, tal y como se muestra en la figura 7.5.

Para lavar el producto obtenido se utilizan 4 fracciones de 40 mL del agua desoxigenada y fría, previamente preparada, evitando nuevamente que pase aire a través del sólido y asegurando una atmósfera inerte mediante la misma técnica empleada anteriormente. En el último lavado y antes de que el producto quede totalmente seco se interrumpe el vacío. Seguidamente, el producto se lava con los 10 mL de éter etílico frío de un modo similar. Para terminar de secar el producto, y sin dejar de pasar nitrógeno a través del embudo, se abre el vacío durante unos 30 segundos.

Por último, el producto se deja en un desecador de vacío, y se pesa la placa filtrante junto con el producto una vez seco éste, obteniendo el peso de acetato de cromo(II) por diferencia de pesada con la placa vacía.

7.6.4. Síntesis de un alumbre de cromo y potasio, $KCr(SO_4)_2.12\ H_2O$

En un vaso de precipitados se disuelven 10 g de dicromato de potasio en una mezcla de 15 g de ácido sulfúrico concentrado y 40 mL de agua destilada, calentando si es necesario hasta completar su disolución. La mezcla se deja enfriar y el vaso de precipitados se coloca durante 5 minutos en un cristalizador que contenga agua y hielo.

Seguidamente, sobre la mezcla se adiciona la cantidad necesaria de etanol, gota a gota, y con continua agitación, produciéndose efervescencia y detectándose un olor afrutado, característico del aldehído formado, que puede ir acompañado de un olor más ácido, debido a la posterior oxidación del etanal a ácido acético (la temperatura de la reacción no debe superar 35 ºC). La adición de etanol continúa hasta el cese de la efervescencia. Una vez finalizada la reacción, la disolución violeta obtenida se almacena en el frigorífico durante 24 h para conseguir la cristalización del correspondiente alumbre de cromo.

7.6.5. Estudio de la reactivad del catión cromo(II)

Observar cuidadosamente y anotar todos los cambios producidos en los experimentos de los siguientes apartados.

1. Disolver un cristal de yodo en 5 mL de hexano. Transferir 2 mL de esta disolución a un tubo de ensayo y adicionarle 2 mL de agua destilada. Finalmente añadir al tubo de ensayo una punta de espátula de acetato de cromo(II) y agitarlo.

7.6.6. Estudio de la reactivad del catión cromo(III)

1. Tomar una punta de espátula del alumbre de cromo y disolverla en un tubo de ensayo en 2 mL de agua destilada. Medir el pH de la disolución formada y a continuación calentar el tubo.
2. Tomar una punta de espátula del alumbre de cromo y disolverla en un tubo de ensayo en 2 mL de agua destilada. Añadir gota a gota una disolución de NaOH 2 M hasta que se observe la aparición de un precipitado. Seguir añadiendo más disolución de NaOH 2 M hasta que se redisuelva el precipitado.
3. Repetir el experimento 2 utilizando en esta ocasión una disolución de NH_3 3 M. Para redisolver el precipitado añadir con precaución en la campana de gases unas gotas de NH_3 concentrado.
4. Repetir el experimento 2 añadiendo una punta de espátula de Na_2CO_3.
5. Disolver unos 20 mg de alumbre de cromo en 3 mL de agua destilada, añadir 1 mL de NaOH 2 M y 1 mL de una disolución de H_2O_2 al 6%. Calentar el tubo con el mechero Bunsen.

7.6.7. Estudio de la reactivad del catión cromo(VI)

Disolver una punta de espátula de K_2CrO_4 en 6 mL de agua destilada, dividir esta muestra en 3 fracciones de 2 mL cada una. En el primer tubo de ensayo añadir 1 mL de H_2SO_4 0,5 M y 1 mL de H_2O_2 al 6%. Calentar el tubo con el mechero Bunsen. En el segundo tubo añadir, después de H_2SO_4 0,5 M, 1 mL de éter etílico y completar el experimento con la adición de 1 mL H_2O_2 al 6%. Agitar bien el tubo de ensayo. En el tercer tubo de ensayo añadir 1 mL de NaOH 2 M y posteriormente 5 mL de una disolución de H_2O_2 al 6%. Calentar el tubo con el mechero Bunsen.

7.7. Resultados

1. Calcular el rendimiento obtenido en la síntesis de las sales de cromo preparadas en los apartados 7.6.3 y 7.6.4.
2. Explicar las observaciones encontradas en el apartado 7.6.5. Reactividad del catión cromo(II).
3. Explicar las observaciones encontradas en los experimentos del apartado 7.6.6. Reactividad del catión cromo(III).

4. Explicar las observaciones encontradas en los experimentos del apartado 7.6.7. Reactividad del catión cromo(VI).

7.8. Cuestiones

1. Explicar la naturaleza del enlace metal-metal que existe en el acetato de cromo(II), razonando su comportamiento magnético.
2. El color del acetato de cromo(II) es rojo, lo que contrasta con el color azul de la mayor parte de las sales de cromo(II) ¿Cómo se explica esta diferencia?
3. ¿Qué es un alumbre y que tipo de estructura presenta?
4. ¿Por qué es necesario mantener el valor de la temperatura por debajo de 35 ºC durante el proceso de síntesis del alumbre de cromo?
5. ¿Existiría alguna diferencia si en el experimento descrito en el apartado 7.6.5 se utilizase éter etílico en lugar de hexano?
6. Explicar el valor de pH obtenido en el punto 1 del apartado 7.6.6.
7. En el experimento descrito en el apartado 7.6.7, experimentalmente, antes de añadir el agua oxigenada, se observan diferencias de color según se trabaje en medio ácido o básico. Explicar que es lo que sucede.

7.9. Bibliografía

1. C. E. Housecroft, A. G. Sharpe, *Química Inorgánica,* Ed. Pearson Educación, Madrid, 2006.
2. N.N. Greenwood, A. Earnshaw, *Chemistry of the Elements.* Ed Butterworth-Heinemann, 2nd Edition, Oxford 1997
3. G. Rayner-Canham, *Química Inorgánica Descriptiva.* Ed. Pearson Educación 2ª edición, México, 2000.

8. DETERMINACIÓN DEL PRODUCTO DE SOLUBILIDAD DEL HIDRÓXIDO DE HIERRO(III)

8.1. Introducción

El grado de influencia de los metales pesados en los sistemas vivos se relaciona con la disponibilidad de los mismos en la corteza terrestre. Los metales en cantidades de trazas pueden causar efectos tanto positivos como negativos en el organismo. Algunos en concentraciones inferiores al 0,01% son esenciales para la vida. V, Cr, Mn, Mo, Fe, Co, Ni, Cu, y Zn lo son para el hombre. No obstante un aumento de su concentración puede resultar nocivo e incluso letal. El grado de toxicidad y la biodisponibilidad de un metal pesado depende de la propia naturaleza del metal (no críticos, tóxicos pero insolubles y muy tóxicos y relativamente disponibles) y de factores físico-químicos como son el pH, el potencial redox, la presencia de otros iones inorgánicos, la temperatura, el contenido en oxígeno, la cantidad de materia orgánica, etc. El pH afecta a la especiación química y a la movilidad de los metales. Así mismo, condiciona el comportamiento de los metales pesados en aguas duras o en presencia de compuestos orgánicos.

La actividad minera provoca la acidificación de suelos y agua y libera vertidos con altos contenidos en sulfuros, aluminio y metales pesados como el hierro. El vertido de lodo pirítico procedente de la mina de Aznalcóllar en 1998 afectó a más de 4000 Hectáreas de suelo de los que el 59,7 % eran suelos agrícolas. Los principales elementos responsables de la contaminación fueron As, Cd, Cu, Pb, y Zn, junto con la acidificación de los suelos causada por la oxidación de los sulfuros metálicos.

La oxidación de pirita solubiliza Fe^{2+} que rápidamente evoluciona a Fe^{3+}

$$2FeS_2(s) + 7O_2(g) + 2H_2O(l) \rightarrow 2Fe^{2+}(ac) + 4SO_4^{2-}(ac) + 4H^+(ac)$$
$$4Fe^{2+}(ac) + O_2(g) + 4H^+(ac) \rightarrow 4Fe^{3+}(ac) + 2H_2O(l)$$

Estas reacciones pueden además estar catalizadas, por ejemplo, por la presencia de Fe^{3+} que produce una oxidación adicional de la pirita

$$FeS_2(s) + 14Fe^{3+}(ac) + 8H_2O(l) \rightarrow 15Fe^{2+}(ac) + 2SO_4^{2-}(ac) + 16H^+(ac)$$

El efecto neto es la disminución del pH del medio que a su vez mantiene la solubilidad de los iones Fe^{3+} y de otros metales pesados. Cuando el pH aumenta bien por contacto con aguas "limpias" bien por neutralización con otros minerales, el ion Fe^{3+} precipita como $Fe(OH)_3$ o $Fe_2O_3 \cdot H_2O$ o $FeO(OH)$, un sólido amarillo-naranja.

8.2. Objetivos

1. Aprender a construir e interpretar una recta de calibrado.
2. Determinar el producto de solubilidad del hidróxido de hierro(III).

8.3. Fundamento teórico

En el lenguaje de la Química se designan como *insolubles* a las sustancias muy escasamente solubles. En principio, la insolubilidad absoluta no existe, pero se consideran insolubles a las sustancias cuyas soluciones saturadas tienen una concentración inferior a, por ejemplo, 10^{-2} o 10^{-3} mol/L. Cuando a una cantidad determinada de disolvente se añaden cantidades sucesivas de soluto se llega a un punto en el que ya no se disuelve más soluto, en este momento, se dice que el disolvente está saturado de soluto y la disolución estable formada es una disolución saturada. Solubilidad se define como la máxima cantidad de soluto que puede disolverse en una cantidad de disolvente dada a una temperatura definida, es decir, la concentración de soluto de una disolución saturada. Suele expresarse en moles o en gramos de soluto por litro de disolución.

El proceso de precipitación o formación de un precipitado en el seno de una disolución se produce al aumentar la concentración de una determinada sustancia de modo que sobrepase el punto de saturación. Se formará una disolución sobresaturada y el equilibrio será inestable. Pueden, por tanto, llegar a precipitar especies químicas que se clasifican como solubles. Esto puede obedecer a distintas causas:

Cambios de temperatura.
Cambios de disolvente.
Reacción entre especies en disolución.
La cinética del equilibrio de precipitación.

El equilibrio entre un precipitado y sus iones en disolución se expresa como:

$$M_mA_n(s) \leftrightarrows mM + nA \qquad K_S^T = \frac{a_M^m a_A^n}{a_{M_mA_n}}$$

Este equilibrio está definido por su correspondiente constante termodinámica. Donde el valor de a_{MmAn} corresponde a la actividad de una fase sólida por lo que se le asigna el valor unidad. Al tratarse además de sustancias poco solubles, las disoluciones de sus iones serán siempre disoluciones diluidas, con lo que la fuerza iónica será baja y la constante termodinámica podrá expresarse en función de las concentraciones de los iones presentes en la disolución de un compuesto poco soluble elevados a igual potencia que su coeficiente estequiométrico. Esta constante estequiométrica se denomina producto de solubilidad (K_S).

$$K_S = [M]^m[A]^n$$

A partir de la ecuación del producto de solubilidad se extraen las siguientes conclusiones.

1. A medida que aumenta la concentración de uno de los iones, más disminuye la concentración del otro y viceversa.
2. A partir de las concentraciones de los iones en disolución se puede predecir si tendrá lugar o no el proceso de precipitación. Si el producto de las concentraciones elevadas a sus correspondientes coeficientes estequiométricos supera al producto de solubilidad, se producirá la aparición de un precipitado. Cociente de reacción $=Q = [A]^n[M]^m > K_S = [A]^n[M]^m$
3. La precipitación de una sustancia se considera cuantitativa (total) cuando haya precipitado el 99,9% del analito, o lo que es lo mismo, cuando la concentración del ión a determinar haya disminuido en un factor de 1000.
4. Permite calcular la solubilidad de una sustancia ya que para una relación estequiométrica dada, cuanto menor sea el producto de solubilidad, menor será la solubilidad de la sustancia.

Solubilidad y producto de solubilidad son dos conceptos diferentes pero íntimamente relacionados. La solubilidad de una sustancia viene determinada por las concentraciones de las especies divididas por sus coeficientes estequiométricos.

$$s_{M_mA_n} = \frac{[M]}{m} = \frac{[A]}{n}$$

Si se sustituye [M] y [A] en la expresión del producto de solubilidad:

$$K_S = (mS)^m(nS)^n = m^m n^n S^{(m+n)}$$

Se obtiene la expresión: $s = \sqrt[m+n]{\frac{K_S}{m^m n^n}}$

De donde se deriva, que cuanto menor sea K_S, menor será la solubilidad. Sin embargo, al estar incluidos en esta relación los coeficientes estequiométricos para comparar la solubilidad de dos sustancias, no pueden usarse únicamente los valores de K_S, salvo para compuestos con estequiometrías análogas. Por ello, se han de utilizar los valores de *s*.

En esta práctica, vamos determinar la concentración de hierro(III) en disolución mediante espectroscopia de absorción. Empleando la banda característica del compuesto bajo estudio y aplicando la ley de Lambert Beer.

$$A = abc$$

Donde A = absorbancia; a = absortividad; b = longitud de la trayectoria del haz de radiación a través del medio (tamaño de la celda en cm); c = concentración en mol/L. Esta ley es fundamental en los métodos espectroscópicos de análisis, ya que permite calcular la concentración de una analito a partir de la medida de la radiación absorbida por una disolución del mismo.

8.4. Aparatos y material

Balanza analítica
Colorímetro
Gradilla
Pipeta Pasteur con tetina de goma
Probeta de 50 mL
Tubos de centrifuga
Varilla de vidrio
Vidrio de reloj o pesasustancias
Bureta
Cubetas espectrofotométricas de vidrio
Matraces aforados de 100 y 250 mL
Pipetas de 5 y 10 mL
Soporte o pie
Termômetro
Vasos de precipitados de 100 y 250 mL

8.5. Reactivos

Agua destilada
Hidróxido de sodio
Cloruro de hierro(III) hexahidrato

8.6. Procedimiento experimental

8.6.1. Precauciones a tener en cuenta

1. Tome las celdas por la parte superior evitando dejar restos de grasa o suciedad en la celda que podrían afectar a la lectura de la absorbancia.
2. Asegúrese que antes de introducir las celdas espectrofotométricas en el colorímetro se encuentran perfectamente limpias y secas ya que de lo contrario, al tratarse de disoluciones que contienen ácido, podrían dañar el equipo.

8.6.2. Preparación de disoluciones

Disolución de NaOH 0,05 M. Se pesan 0,51 g (40,00 g/mol, 98%) de NaOH y se disuelven en 200 mL de agua destilada en un vaso de precipitados, la disolución se transfiere a un matraz de 250 mL y se enrasa con agua destilada. Finalmente, se agita para homogeneizar.
Disolución de $FeCl_3$ 0,1 M. Se pesan 6,83 g de $FeCl_3 \cdot 6H_2O$ (270,30 g/mol, 99%) y se procede de manera similar al apartado anterior.

8.6.3. Precipitación de Fe(III) por formación de $Fe(OH)_3$

1. Colocar en tres tubos de centrífuga 5 mL de disolución $FeCl_3$ 0,1 M.
2. Preparar la bureta con la disolución de hidróxido de sodio 0,05 M y adicionar lentamente la disolución de NaOH sobre la disolución de Fe(III) hasta la aparición de un precipitado, agitar dicha disolución y comprobar que el

precipitado no se redisuelve. En caso afirmativo, continuar añadiendo NaOH desde la bureta.

3. Dejar reposar el tubo de ensayo 10 minutos y comprobar nuevamente si existe redisolución del precipitado, en caso afirmativo añadir unas gotas adicionales de NaOH. Anotar el volumen de NaOH consumido y repetir el procedimiento con los otros dos tubos de muestra.
4. Centrifugar las muestras durante 5 minutos y separar precipitado y disolución mediante decantación.
5. Medir la temperatura de las disoluciones.
6. Medir el pH de las disoluciones utilizando un pH metro.

8.6.4. Determinación de la concentración de Fe(III) mediante análisis colorimétrico

A partir de la disolución de $FeCl_3$ 0,1 M se preparan en matraces aforados de 100 mL, 6 disoluciones patrón de diferente concentración. Para ello se tomarán 80, 60, 40, 20, 10 y 5 mL de la disolución inicial y se rellenará con agua hasta completar el volumen del matraz. Se agitarán manualmente los matraces hasta asegurarse de haber homogeneizado las disoluciones.

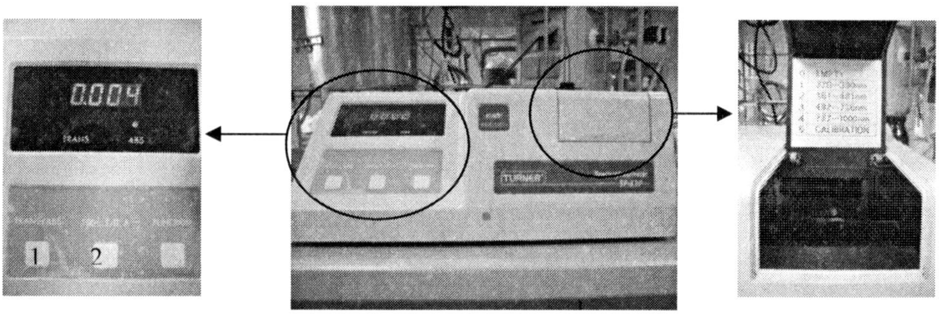

a) b) c)

Figura 8.1. Colorímetro básico: a) panel de funciones, b) equipo, c) porta cubetas

En la Figura 8.1. se muestra el colorímetro que se va a emplear en esta práctica. Inicialmente, se debe seleccionar la longitud de onda a la que se van a realizar las medidas (530 nm). Para ello, se posicionará la rueda que aparece en la Figura 8.1.c en la región que comprenda dicha longitud de onda, y se girará la rueda que hay en el lateral derecho del equipo hasta que en el visor de la pantalla aparezca "wavelength 530". Posteriormente, se pulsará el botón 1 (TRANS/ABS) que aparece en la Figura 2.a, que indica la función en la que se quieren realizar las medidas (Absorbancia).

A continuación, se introduce la celda espectrofotométrica cargada con la disolución patrón, en este caso agua destilada, y se cierra el compartimento para evitar interferencias de la luz exterior. Se pulsa el botón 2 (100 %T/0 A) (ver Figura 8.1.a) para ajustar a cero la absorbancia. Seguidamente, se procederá con la lectura de la absorbancia de las disoluciones patrón preparadas en orden creciente de concentración. Finalmente se medirá la absorbancia de las tres disoluciones problema y se anotará el valor de absorbancia.

8.7. Resultados

1. Construir una curva de calibrado con los datos de absorbancia obtenidos a partir de las disoluciones patrón preparadas. Obtener los valores de la ordenada en el origen, pendiente y coeficiente de correlación de dicha curva de calibrado.
2. A partir de la ecuación de la curva de calibrado y de la medida de absorbancia de las muestras problema, obtener la concentración de Fe(III) expresada en mol/L.
3. Calcular la $[OH^-]$ en cada una de las muestras a partir de las medidas de pH.
4. Calcular el producto de solubilidad, K_S, del precipitado $Fe(OH)_3$.
5. Con los datos obtenidos por los distintos grupos de trabajo realizar un tratamiento estadístico de los resultados (media, desviación estándar y desviación con relación a la media) después de eliminar los resultados discordantes.

8.8. Cuestiones

1. Compruebe los resultados obtenidos con los datos teóricos previamente publicados. ¿Existen diferencias?
2. ¿El producto de solubilidad se ve afectado por los cambios de temperatura?
3. ¿Como afecta el pH a la solubilidad de metales como el aluminio y el cadmio?
4. ¿Qué diferencias se observan en el comportamiento del aluminio y el hierro frente a la variación de pH?

8.9. Bibliografía

1. M. Meighan, J. McNeil, R. Falconer. *J. Chem. Ed.* 2008, 85, 254.
2. M.P. Bernal, R. Clemente, S. Vázquez, D.J. Valker. *Ecosistemas.* 2007, 16, 2.

9. SÍNTESIS DE COMPLEJOS DE NÍQUEL(II)

9.1. Introducción

El estado de oxidación más estable para el níquel es +2. Se conocen, sin embarbo, complejos de níquel en estado de oxidación 0, aunque son inestables al aire, y su síntesis y manipulación requieren estrictas condiciones de atmósfera inerte. La simplicidad de la química de la coordinación de este elemento, en términos del estado de oxidación, se ve compensada por la complejidad existente en cuanto a la gran variedad de números de coordinación y geometrías moleculares dependiendo del tipo de ligando y de las condiciones experimentales.

En la naturaleza, el níquel se presenta combinado con azufre en la *millerita*, principalmente formada de NiS, y con otros elementos en la *garnierita*, un silicato de níquel y magnesio de composición variable. La extracción del níquel se realiza por tostación del mineral y posterior reducción del NiO con carbón. El níquel se purifica mediante electrolisis, pero también se emplea el proceso de carbonilación para obtener níquel de alta pureza. Este proceso consiste en la reacción de monóxido de carbono, CO, con níquel impuro a 50°C y presión atmosférica, formándose $Ni(CO)_4$ a partir del cual se obtiene el metal con una pureza del 99.90 al 99.99% por descomposición térmica entorno a 230 °C.

El níquel metálico si no está finamente dividido, es bastante resistente al ataque del aire o del agua a temperatura ambiente, por lo que con frecuencia se deposita por electrólisis con el fin de actuar como recubrimiento protector. Se disuelve, fácilmente, en ácidos minerales diluidos. El metal o las aleaciones con un gran porcentaje de níquel se utilizan para manejar F_2 y otros fluoruros corrosivos. El metal finamente dividido reacciona con el aire y es pirofórico. En este estado adsorbe grandes cantidades de hidrógeno. Algunas formas especiales del níquel, por ejemplo, níquel Raney, que es una catalizador compuesto de pequeñas partículas de una aleación de níquel y aluminio se utilizan como agente reductor sobre todo en procesos de síntesis orgánica.

9.2. Objetivos

1. Síntesis de compuestos de níquel en estado de oxidación +2 y determinación de sus puntos de fusión.
2. Estudio de la geometría y de las propiedades estructurales de los mismos mediante espectroscopía de infrarrojo.

9.3. Fundamento teórico

El níquel(II) forma un gran número de complejos con números de coordinación 6, 5 y 4; todos ellos adoptan los tipos estructurales principales, es decir, geometrías moleculares octaédricas, bipiramidal trigonal, tetraédricas y/o plano cuadradas.

9.3.1 Compuestos hexacoordinados de niquel(II).

La especie más común es el ión hexaacua $[Ni(H_2O)_6]^{2+}$, de color verde intenso, que se forma disolviendo sales de níquel(II) en ácidos inorgánicos. Las moléculas de agua enlazadas al catión Ni(II) pueden desplazarse fácilmente por amoníaco o aminas, formándose complejos como *trans*-$[Ni(H_2O)_2(NH_3)_4]^{2+}$, $[Ni(NH_3)_6]^{2+}$ o $[Ni(en)_3]^{2+}$ (en = etano-1,2-diamina). Estos complejos aminados normalmente son azules o púrpura.

9.3.2 Compuestos tetracoordinados de níquel (II).

La mayoría de los complejos de níquel tetracoordinados son plano-cuadrados. Con frecuencia son rojos, amarillos o pardos. Probablemente, el ejemplo más conocido es el compuesto rojo bis(dimetilglioximato)níquel(II), $[Ni(dmg)_2]$, que precipita por adición de una disolución de dimetilglioxima ($dmgH_2$) en etanol a disoluciones amoniacales de níquel(II).

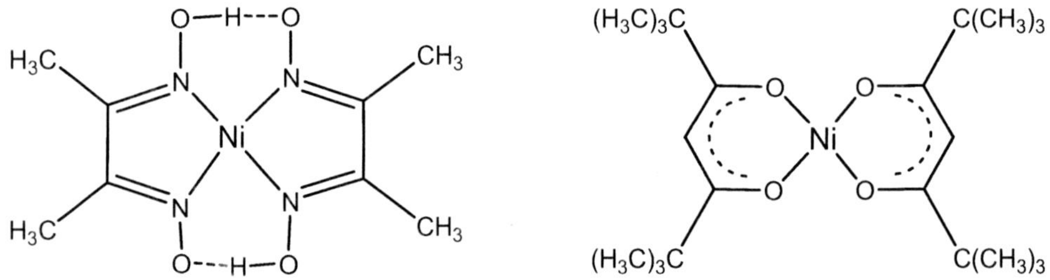

Figura 9.1. Complejos plano cuadrado de níquel con dimetilglioximato y acetilacetonato como ligandos.

Otros complejos plano-cuadrados, similares, se forman con β-cetoenolatos, por ejemplo, acetilacetonato (acac), con ligandos monodentados del tipo fosfinas alquílicas, como PEt_3, así como, con cianuros CN^- y tiocianatos-κ*S*- SCN^-.

Los complejos tetraédricos de níquel(II) son menos comunes y todos son paramagnéticos. Son del tipo $[NiX_4]^{2-}$, $[NiX_3L]^-$, $[NiL_2X_2]$ y $[Ni(L\text{-}L)_2]$, siendo X un haluro, L un ligando neutro como trifenilfosfano, PPh_3, o trifenilfosfito, $P(O)Ph_3$, y L-L un ligando bidentado dinegativo. Se conoce, también, el complejo $[NiL_4]^{2+}$ siendo L = hexametilfosfamida, $P(O)\{(CH_3)_2N\}_3$.

9.4. Aparatos y material

Agitador con placa calefactora
Cristalizador
Embudo cónico
Kitasato
Núcleos magnéticos de agitación
Refrigerante recto o de bolas
Tapones de vidrio
Vidrio de reloj o pesasustancias
Baño de aceite
Embudo Büchner
Granatario
Matraces redondos de 100 mL
Pinzas
Soporte o pie
Vasos de precipitados de 100 mL

9.5. Reactivos

2,2'-Bipiridina
Agua destilada
Etanol
Nitrato de níquel(II) hexahidrato
Trifenilfosfano
Acetona
Cloruro de níquel(II) hexahidrato
Isopropanol
Tiocianato de sodio

9.6. Procedimiento experimental

9.6.1. Precauciones a tener en cuenta

1. En el transcurso de esta práctica se utilizan sales de níquel(II), es necesario extremar las precauciones de seguridad ya que se tratan de sales tóxicas.
2. Los procesos de adición y mezcla deben realizarse lenta y cuidadosamente, sobre todo en caliente.

9.6.2. Procedimiento experimental

9.6.2.1. Síntesis de bis(tiocianato-κ*S*)-bis(trifenilfosfano)níquel(II)

a) Síntesis

En la campana extractora de gases se añaden 1,4 g de $Ni(NO_3)_2 \cdot 6H_2O$ a un matraz redondo de 100 mL y aproximadamente 16 mL de etanol. La mezcla se agita con ayuda de un núcleo de agitación magnético y un agitador con placa calefactora hasta la completa disolución de la sal (se puede calentar ligeramente para favorecer la disolución). A continuación, se añaden cuidadosamente con ayuda de una espátula y en pequeñas fracciones 0,8 gramos de NaSCN y se monta un sistema de reflujo, tal y como se observa en la figura 9.3. Para ello, se acopla un refrigerante recto o de bolas en la boca del matraz y se introduce éste último en un baño de aceite. En el refrigerante, se conectan las gomas de conducción de agua, y se comienza la refrigeración haciendo pasar agua por el mismo. Una vez que se observa que el sistema permanece estable, se empieza la calefacción suavemente hasta llegar a la temperatura de ebullición del disolvente. La mezcla se deja a ebullición durante media hora.

Figura 9.3. Montaje del reflujo para la reacción de síntesis de $[Ni(PPh_3)_2(SCN)_2]$

Transcurrido este tiempo, la mezcla se deja enfriar durante aproximadamente diez minutos, hasta alcanzar la temperatura ambiente y posteriormente el matraz se enfría en un baño de hielo picado, rascando el fondo del mismo con una varilla de vidrio para favorecer la precipitación de los productos no deseados. A continuación, la suspensión se filtra a vacío, con un embudo Büchner y un kitasato. La disolución obtenida se transfiere a un vaso de precipitados de 100 mL y se reserva para el siguiente paso.

En una segunda etapa, se disuelven 2,8 g de PPh_3 en 25 mL de isopropanol en un matraz redondo de dos bocas de 100 mL, en el que se ha instalado un refrigerante en una de ellas. La mezcla se lleva bajo agitación a reflujo siguiendo la misma metodología utilizada anteriormente, usando el agitador con placa calefactora, el baño de aceite y el refrigerante (no olvidar tapar la segunda boca del matraz con un tapón de vidrio). Paralelamente, se calienta suavemente el vaso de precipitados que contiene el tiocianato de níquel(II), y con mucho cuidado (parando momentáneamente la calefacción y el reflujo antes de abrir la segunda boca del matraz), se añade en pequeñas porciones, utilizando una pipeta Pasteur, y lentamente a la disolución de trifenilfosfina usando la segunda boca del matraz. La mezcla se mantiene en agitación y se lleva nuevamente a reflujo dejandolo reaccionar 10 minutos. Posteriormente, se deja enfriar la mezcla hasta temperatura ambiente y se sumerge en un baño de hielo para conseguir la precipitación del producto deseado. Una vez que el producto cristaliza o precipita en gran cantidad, se filtra a vacío, con un embudo Büchner y un matraz kitasato. El sólido obtenido se lava con 2 fracciones de 15 mL de etanol y se seca mediante succión. El sólido se pesa para determinar el rendimiento del proceso.

b) Medida del punto de fusión

Para determinar el punto de fusión del sólido obtenido se introduce una pequeña fracción de producto en un capilar abierto por un extremo y mediante ligeros golpecitos, el sólido se empuja hasta el extremo cerrado del capilar (ver Figura 9.4.), que se inserta en la posición adecuada del bloque calefactor para la determinación de puntos de fusión (ver Figura 9.5).

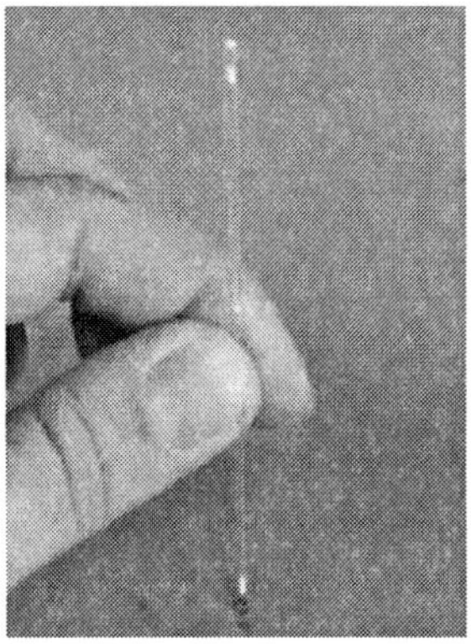

Figura 9.4. Técnica de preparación del sólido para la medida del punto de fusión

El aparato se enciende y se programa un aumento gradual de la temperatura de en torno a 10 grados por minuto.

Se observa detenidamente la evolución del sólido, apuntando la temperatura a la cual el sólido empieza a fundir, así como la temperatura en que todo el sólido del capilar ha pasado al estado líquido. El proceso se repite al menos una vez para corroborar los resultados obtenidos.

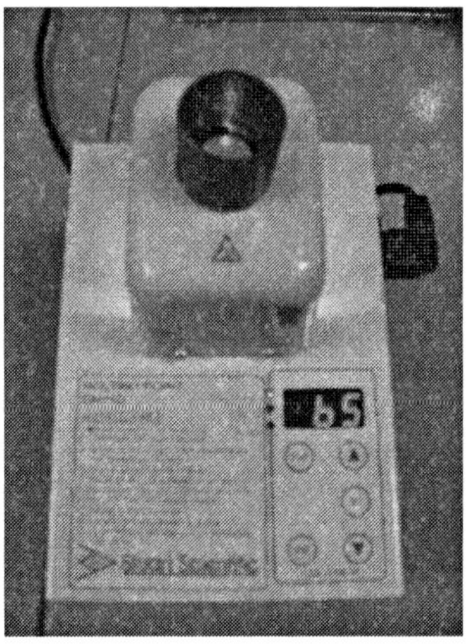

Figura 9.5. Bloque calefactor, para la determinación del punto de fusión.

9.6.2.2. Síntesis de (2,2'-bipiridina)dicloruroníquel(II)

a) Síntesis

En un matraz redondo de 100 mL se añaden 1,2 g de $NiCl_2.6H_2O$ en etanol. La mezcla se agita con ayuda de un núcleo de agitación magnético y un agitador con placa calefactora hasta la completa disolución de la sal (se puede calentar ligeramente para favorecer la disolución). A continuación, se añaden, cuidadosamente, con ayuda de un embudo cónico y en pequeñas fracciones una disolución de 0,9 g de 2,2'-bipiridina (bpy) en etanol. La mezcla resultante se calienta a reflujo durante 1 hora. Transcurrido el tiempo de reacción la mezcla se deja enfriar hasta temperatura ambiente y después se enfría en un baño de hielo picado durante 15 minutos. Se filtra en frío, a vacío y el sólido obtenido se lava con dos porciones de 15 mL de etanol y se seca por succión durante unos minutos. El sólido se pesa para determinar el rendimiento del proceso.

b) Medida del punto de fusión

Para determinar el punto de fusión del sólido obtenido se repite el procedimiento seguido en el apartado b del punto 9.6.2.1.

9.7. Resultados

1. Calcular el rendimiento de la síntesis de los complejos de níquel(II) obtenidos en los apartados 9.6.2.1. y 9.6.2.2.
2. Determinar el punto de fusión de los compuestos obtenidos, mediante un bloque calefactor para la determinación de puntos de fusión.
3. Medir mediante espectroscopia infrarrojo utilizando un equipo FT-IR Nicolet AVATAR 330 en el rango 4000-400 cm^{-1}, utilizando celdas de KBr y en disolución de nújol. Estudiar los espectros de ambos complejos.

9.8. Cuestiones

1. En uno de los pasos de la síntesis de bis(tiocianato-κ*S*)-bis(trifenilfosfano)níquel(II) se rasca con una varilla de vidrio el fondo del matraz redondo, en frío, para forzar la precipitación de determinados subproductos no deseados, ¿de qué subproductos se trata? Si en lugar de utilizar NaSCN se usara KSCN ¿sería más fácil la precipitación de los subproductos? ¿Por qué?
2. ¿Por qué se debe utilizar un refrigerante cuando se hace una reacción a temperatura de reflujo del disolvente de la misma?
3. ¿Qué factores determinan la geometría plano cuadrada o tetraédrica de los complejos del tipo $[Ni(PR_3)_2X_2]$?
4. Explique el tipo de coordinación del ligando bipiridina sobre el centro metálico en el complejo (2,2'-bipiridina)dicloruroníquel(II). Cite algún tipo de

reacciones catalíticas comunes donde se encuentren implicados complejos de níquel en estado de oxidación +2

5. ¿Qué tipo de información aporta la medida del punto de fusión de las sustancias sintetizadas?

9.9. Bibliografía

1. S. Komiya. *Synthesis of Organometallic Compounds, A practical guide.* John Wiley & Sons, Chichester, 1997.

2. F.A. Cotton, G. Wilkinson. *Advanced Inorganic Chemistry.* John Wiley & Sons, New York, 1988.

3. D.F. Shriver, P.W. Atkins, C.H. Langford. *Inorganic Chemistry.* Oxford University Press, Oxford, 1994.

10. OBTENCIÓN DE COBRE Y DETERMINACIÓN DE SU PUREZA

10.1. Introducción

El cobre es un metal ampliamente utilizado, principalmente, como conductor eléctrico o en el acuñamiento de monedas, además de estar presente en las aleaciones más importantes como son el bronce (cobre con un 7-10% de estaño), latón (cobre con cinc) o monel (cobre con níquel). Las principales menas de cobre en la corteza terrestre son la calcopirita ($CuFeS_2$) que supone el 50% de todos los depósitos de cobre y otros minerales como la cuprita (Cu_2O), malaquita $Cu_2(OH)_2(CO_3)$ o calcocita (Cu_2S). La extracción del metal de estas fuentes minerales se realiza mediante procesos térmicos (*pirometalúrgicos)*, o mediante procesos acuosos *(hidrometalúrgicos)* que requieren temperaturas más moderadas.

La extracción de cobre mediante procesos hidrometalúrgicos es uno de los procesos más antiguos conocidos. Consiste en el desplazamiento de cobre con hierro metálico en disoluciones ácidas que contienen los iones Cu^{2+}, formadas mediante la lixiviación de menas de baja pureza por la acción de ácidos o de bacterias.

$$Fe + Cu^{2+} \rightarrow Fe^{2+} + Cu$$

10.2. Objetivos

1. Entender una de las etapas principales en todo proceso hidrometalúrgico como es la etapa de recuperación del metal, utilizando en este caso un proceso de cementación o precipitación.
2. Aprender que es una yodometría y aplicarla para determinar la concentración o la pureza de una muestra problema.
3. Estudiar la reactividad del cobre y su comportamiento en disolución acuosa.

10.3. Fundamento teórico

El cinc es un metal adecuado para poder obtener cobre a partir de una de sus sales mediante una reacción de desplazamiento.

$$Zn + CuSO_4 \rightarrow ZnSO_4 + Cu$$

Se trata de un metal muy activo, con un potencial de reducción muy inferior al del cobre e incluso muy inferior al del hidrógeno, y esto tiene una doble ventaja, por un lado que su reacción frente a Cu^{2+} se encuentra muy desplazada hacia la derecha y, por otro, cualquier exceso de metal se puede eliminar fácilmente mediante la adición de ácido.

$$Zn + 2\,H^+ \rightarrow Zn^{2+} + H_2$$

El cobre, de este modo, se obtiene en un elevado grado de pureza. Sin embargo, es necesario tener en cuenta que puede oxidarse parcialmente durante el proceso de síntesis, especialmente durante la etapa de secado. Para realizar una estimación de la pureza del cobre obtenido, éste se disuelve por tratamiento con ácido nítrico lo que llevaría a tener en disolución el ion Cu^{2+}. Dicho catión es lo suficientemente oxidante como para que reaccione con el ion yoduro para producir yodo según la reacción:

$$2\,Cu^{2+}(ac) + 4\,I^-(ac) \rightarrow 2\,CuI(s) + I_2(ac)$$

La pureza del cobre se puede obtener fácilmente, determinando la cantidad de yodo formado en esta reacción, mediante su valoración con un agente reductor de concentración perfectamente conocida. Este tipo de valoraciones se conocen como *yodometrías*, donde el reductor más utilizado en las mismas es el tiosulfato de sodio.

Sin embargo, su principal inconveniente reside en la baja solubilidad del yodo (0,340 g/kg 25 °C) y su baja temperatura de sublimación. Por lo que se utiliza un exceso del ión yoduro, para aumentar la estabilidad de la disolución y la solubilidad del yodo en agua mediante la formación del anión I_3^-.

$$I_2 + I^- \leftrightarrows I_3^-$$

Por lo que la reacción de reducción del ion Cu^{2+} frente a yoduro se puede rescribir como:

$$2\,Cu^{2+}(ac) + 5\,I^-(ac) \rightarrow 2\,CuI(s) + I_3^-(ac)$$

De esta forma, el complejo triyoduro se valora con una disolución estandarizada de tiosulfato de sodio según la reacción:

$$I_3^- + 2\,S_2O_3^{2-} \rightarrow 3\,I^- + S_4O_6^{2-}$$

Experimentalmente, se observa que al añadir un exceso de yoduro sobre la disolución de Cu^{2+} esta toma un color marrón-rojizo característico del anión triyoduro, formándose, además, rápidamente el precipitado correspondiente de CuI.

Seguidamente, al añadir la disolución de tiosulfato de sodio desde la bureta, el color marrón-rojizo inicial del anión triyoduro cambia progresivamente hacia un color amarillo más pálido, hasta llegar a volverse totalmente incoloro. Sin embargo, dada la presencia de un precipitado en la muestra y que el cambio de amarillo pálido a incoloro no es fácil de apreciar, se añade una sustancia conocida como *engrudo de almidón*, que forma con el anión triyoduro presente aún en la disolución un complejo de color violeta. La formación de este complejo permite detectar el punto final de la valoración, al producirse un cambio de violeta a incoloro. El mejor momento para añadir el almidón es cuando la disolución alcance un color amarillo pálido, es decir, cuando el punto final de la valoración esté cerca.

Otro aspecto importante en este tipo de valoración es el pH de trabajo. No es conveniente trabajar a pH muy alto, ya el yodo dismuta en medio básico.

$$I_2 + 2\,OH^- \leftrightarrows I^- + IO^- + H_2O$$

De forma que el hipoyodito formado puede oxidar parcialmente el tiosulfato a sulfato de acuerdo a la siguiente reacción:

$$4\,IO^- + S_2O_3^{2-} + H_2O \rightarrow 4\,I^- + 2\,SO_4^{2-} + 2\,H^+$$

Un pH demasiado bajo, por otro lado, puede producir tanto la dismutación del tiosulfato de sodio.

$$2\,S_2O_3^{2-} + H^+ \rightarrow HSO_3^- + S$$

Como la oxidación del ión yoduro a yodo de acuerdo a la reacción:

$$O_2 + 4\,H^+ + 4\,I^- \leftrightarrows 2\,I_2 + 2\,H_2O$$

El rango aproximado de pH será, por tanto, entre 2 y 5. Es conveniente tener en cuenta las fuentes de error y no demorarse entre la preparación de la muestra y la valoración de la misma.

10.4. Material

Bureta de 50 mL
Cristalizador
Kitasato
Pesasustancias o vidrio de reloj
Placa calefactora
Varilla de vidrio
Cápsula de porcelana
Matraz Erlenmeyer de 250 mL
Matraz aforado de 100 ml
Pipeta de 10 y 5 mL
Tubos de ensayo
Vasos de precipitados de 250 y 500 mL

10.5. Reactivos

Ácido acético
Ácido nítrico
Almidón
Cinc metálico en polvo
Isotiocianato de potasio
Tiosulfato de sodio
Yoduro de potasio
Ácido clorhídrico
Ácido sulfúrico
Amoníaco
Carbonato de sodio
Sulfato de cobre pentahidrato
Urea
Yodato de potasio

10.6. Procedimiento experimental

10.6.1. Preparación de disoluciones

Preparación de una disolución de $Na_2S_2O_3$ 0,1 M: El agua destilada que se utilizará para la preparación de esta disolución debe estar hervida previamente, por lo que en primer lugar es necesario poner a hervir 1 litro de agua destilada durante al menos unos 10 min. El material de vidrio que se va a utilizar (matraz aforado, vaso de precipitado, botella topacio) para la preparación de esta disolución debe ser tratado previamente con el fin de eliminar posibles interferencias en el proceso de valoración. El procedimiento consiste, en primer lugar, en lavar todo el material con agua destilada y enjuagar a continuación con 10 mL de ácido nítrico 3 M. Seguidamente, se enjuaga todo el material de nuevo con unos 50 mL de agua destilada, y posteriormente se lava tres veces con pequeñas cantidades del agua destilada hervida. Es necesario asegurarse cada vez de escurrir bien todo el agua. El resto del agua hervida se deja enfriar y se reserva para utilizarla en la preparación de la disolución.

Para la preparación de la disolución se pesan 12,4 g de $Na_2S_2O_3 \cdot 5H_2O$ en un vidrio de reloj y se transfieren a un vaso de precipitados de 500 mL, arrastrando cualquier resto que quede en el vidrio de reloj con un poco de agua destilada hervida. A continuación, se añaden 0,1 g de Na_2CO_3 y unos 400 mL del agua hervida anteriormente, agitando bien la mezcla hasta que se produzca la disolución de todo el soluto. Seguidamente, se pasa la disolución a un matraz aforado de 500 mL y se afora. Finalmente, se pasa la disolución a una botella de color topacio y se guarda en la taquilla hasta el día siguiente.

Disolución de almidón al 1 %. Se trituran 5,0 g de almidón soluble y 5 mg de HgI_2 que se utilizará como conservante. Se añaden unos 50 mL de agua y se agita la mezcla. Se vierte lentamente esta suspensión sobre 500 mL de agua destilada a ebullición, y se mantiene hirviendo hasta que la disolución sea clara. Finalmente, se deja enfriar y se pasa a un frasco con tapón de vidrio (esta disolución se debe preparar el día que se va a usar).

Disolución de Urea. Se pesa 1,0 g de urea y se transfiere a un vaso de precipitados donde se disuelve en 20 mL de agua destilada.

Disolución de H_2SO_4 3 M. Se pipetean 16,3 mL de ácido sulfúrico concentrado. (ρ=1,84 g/mL, 98%) y se añaden sobre unos 15 mL de agua destilada en un vaso de precipitados. La mezcla se transfiere a matraz aforado de 100 mL y en el vaso se añaden unos 10 mL de agua destilada, volumen que se combina con el anterior en el matraz aforado. Finalmente se enrasa la disolución hasta la marca y el matraz se agita para homogeneizar la disolución.

Disolución de HNO_3 6 M. Se pipetean 42 mL mL de ácido nítrico concentrado. (ρ=1,38 g/mL, 65,3%) y se añaden sobre unos 15 mL de agua destilada en un vaso de precipitados. La mezcla se transfiere a matraz aforado de 100 mL y en el vaso se añaden unos 10 mL de agua destilada, volumen que se combina con el anterior en el matraz aforado. Finalmente se enrasa la disolución hasta la marca y el matraz se agita para homogeneizar la disolución.

Disolución de NH_3 6 M Se pipetean 45,4 mL de amoníaco concentrado (ρ = 0,90 g/mL, 25% en NH_3) y se añaden sobre unos 15 mL de agua destilada en un vaso de precipitados. La mezcla se transfiere a matraz aforado de 100 mL y en el vaso se añaden unos 10 mL de agua destilada, volumen que se combina con el anterior en el matraz aforado. Finalmente se enrasa la disolución hasta la marca y el matraz se agita para homogeneizar la disolución.

10.6.2. Estandarización de una disolución de $Na_2S_2O_3$ 0,1 M

Se pesan aproximadamente 150 mg de yodato de potasio directamente en un Erlenmeyer anotando exactamente la cantidad pesada de sólido. A continuación, se añaden 50 mL de agua destilada, 2,00 g KI (exentos de yodato potásico) y 10 mL de una disolución de H_2SO_4 0,5 M. Es importante respetar el orden de adición de los reactivos con el fin de evitar posibles pérdidas de yodo.

Tras la adición de todos los reactivos, la disolución en el Erlenmeyer toma un color marrón rojizo, y se comienza la valoración, añadiendo en primer lugar, desde la bureta, los 10 primeros mL de tiosulfato de forma rápida. La estandarización se continúa adicionando gota a gota desde este momento y agitando continuamente hasta que la disolución pase de un color marrón a amarillo pálido. En este instante se añaden 2 mL de la disolución de engrudo de almidón de forma que la disolución tomará un color morado y se continúa la adición de tiosulfato hasta que finalmente quede totalmente incoloro, indicando que no hay más yodo en el Erlenmeyer. Poner un papel blanco debajo del Erlenmeyer ayudará a detectar el final de la valoración.

Se anota el resultado y se repite la valoración, debiendo obtener una diferencia entre ambos datos no mayor a 0,5 mL, ya que en caso contrario deberán hacerse nuevas titulaciones hasta conseguir tal precisión en los resultados.

10.6.3. Obtención del cobre metálico

En un vidrio de reloj se pesan 3,5 g de $CuSO_4 \cdot 5H_2O$ y se transfieren a un vaso precipitados donde se disuelven en aproximadamente 30 mL de agua. El vaso de precipitados se coloca en un cristalizador con hielo y se adiciona, con cuidado y constante agitación, 2,0 g de Zn en polvo, la agitación debe mantenerse durante un período de 5 minutos. Para comprobar si la reacción ha terminado, se toma 1 mL de NH_3 concentrado en un tubo de ensayo y se añade una gota de la disolución, asegurándose de no tomar nada de sólido. Si el color del tubo de ensayo evoluciona hacia azul oscuro, la reacción aún no ha terminado y la mezcla debe mantenerse en el baño de hielo agitándose durante 5 minutos más. Una vez que el test indica que todo el Cu^{2+} de la disolución se ha consumido, se elimina el exceso de cinc metal por adición de 25 mL de una disolución de HCl 6 M. La adición debe realizarse poco a poco y con cuidado, agitando hasta que cese la efervescencia. Para terminar el proceso, es necesario calentar suavemente la disolución, nuevamente hasta el cese de la efervescencia. Finalmente, la mezcla se deja enfriar y reposar para depositar el cobre obtenido, y separarlo mediante decantación del sobrenadante que puede ya desecharse. Para lavar el cobre se utilizan tres fracciones de 40 mL de agua destilada. Se adiciona el agua, se agita la suspensión y se deja decantar desechando el agua de lavado.

El cobre, así obtenido, se transfiere con ayuda de una espátula a una capsula de porcelana y se seca. Para ello, la cápsula de porcelana se coloca encima de un vaso de precipitados de 500 mL con unos 300 mL de agua caliente. Se comienza a calentar y cuando el agua comienza a hervir se mantiene la calefacción durante aproximadamente 30 minutos más hasta que el cobre de la cápsula este completamente seco (el tiempo de calentamiento es aproximado no continue con el calentamiento si observa que el cobre ya se encuentra seco). Finalmente, se pesa el cobre obtenido en un vidrio de reloj.

10.6.4. Determinación de la pureza del cobre mediante yodometría

Se monta una bureta de 50 mL, se lava con agua destilada y se enjuaga con pequeñas fracciones de la disolución de tiosulfato 0,1 M estandarizada. La bureta se carga con la disolución de tiosulfato y se enrasa abriendo la llave, asegurándose de que la punta inferior este llena de reactivo. Para determinar la pureza del cobre obtenido, es necesario, repetir el proceso que se detalla a continuación tres veces.

Se prepara un matraz Erlenmeyer de 250 mL con aproximadamente 250 mg del cobre obtenido en el experimento anterior, pesando el cobre directamente en el erlenmeyer y anotando exactamente la cantidad de sólido pesada. La muestra se completa añadiendo un poco de agua destilada para cubrir el metal y poder arrastrar cualquier resto de cobre que quede en las paredes del Erlenmeyer. A continuación, se pipetea una alicuota de 10 mL de HNO_3 6 M y se lleva al Erlenmeyer, que se calienta en una placa calefactora, en la campana extractora de gases, hasta que todo el cobre se haya disuelto. No es necesario un calentamiento prologando y en ningún caso hay que dejar hervir la mezcla. Cuando el cobre se ha disuelto, se añaden 25 mL de agua destilada y la mezcla se hierve durante un par de minutos, en este momento el Erlenmeyer se retira de la placa calefactora y se añaden 5 mL de la disolución de urea, la ebullición continua durante 5 minutos más. A continuación, la disolución se enfría y se le añade, gota a gota, con una pipeta Pasteur una disolución de NH_3 6 M hasta la aparición de precipitado, que persiste incluso al ser agitado, o hasta que se observa una tonalidad azul oscuro. En este último caso, es necesario hervir la mezcla hasta que desaparezca dicha tonalidad. Posteriormente y tras enfriar la disolución, en caso de que haya sido necesario calentarla, se añaden 4 mL de CH_3COOH, ácido acético glacial, y 3 g de KI al Erlenmeyer.

Se comienza a añadir inmediatamente la disolución de tiosulfato desde la bureta y se continúa hasta que el color de la disolución, al dejar decantar el precipitado, pase a amarillo pálido. En este momento se añaden 3 mL de la disolución de almidón y 2,0 g de KSCN y se continúa la adición de $Na_2S_2O_3$ hasta que desaparece la tonalidad violeta y se observa el precipitado blanco o ligeramente gris. Debe existir concordancia en los volúmenes de tiosulfato consumido en las tres pruebas, si algún resultado es muy dispar éste debe desestimarse.

10.6.5. Estudio de la reactividad del cobre y de su comportamiento en disolución acuosa

Observar cuidadosamente y anotar todos los cambios producidos en los experimentos de los siguientes apartados.

1. Añadir una pequeña fracción del cobre obtenido en el experimento 10.6.3. a dos tubos de ensayo y posteriormente adicionar 3 mL de HNO_3 6M a un tubo y 3 mL de HNO_3 concentrado al otro. Calentar ligeramente ambos tubos de ensayo.
2. Adicionar una punta de espátula (0,1-0,2 g) de $CuSO_4 \cdot 5H_2O$ a un tubo de ensayo y disolverlo en 1 mL de agua destilada con la ayuda de una varilla de vidrio. Añadir 1 mL de una disolución de NH_3 6 M.
3. Repetir el experimento 2 adicionando al tubo 0,5 mL de HCl concentrado y a continuación 3 mL de agua destilada.
4. Repetir el experimento 2 adicionando al tubo una punta de espátula de Na_2CO_3. A continuación añadir 0,5 mL de HCl concentrado y finalmente 3 mL de agua destilada.

10.7. Resultados

1. Calcular el rendimiento del cobre obtenido explicando razonadamente el resultado.
2. Con los datos obtenidos en la valoración estimar la pureza del cobre obtenido.
3. Explicar las observaciones encontradas en los experimentos del apartado 10.6.5. Reactividad de Cu y Cu(II).

10.8. Cuestiones

1. En esta práctica se ha preparado cobre a partir de sulfato de cobre, mediante una reacción de desplazamiento utilizando cinc. Identificar cual de las siguientes reacciones nos permite obtener el metal.

    a. $Zn + AlCl_3$
    b. $Mg + CaI_2$
    c. $Fe + ZnSO_4$
    d. $TiCl_4 + Na$

2. Explicar el test utilizado en el apartado 10.6.3. para determinar el fin de la reacción de cinc metálico con sulfato de cobre.
3. Explicar la reacción de eliminación del exceso de cinc mediante la adición de HCl.
4. De acuerdo con el procedimiento seguido para la disolución del cobre metal:
    a. ¿Es posible atacar el cobre con HCl y simplificar el procedimiento?
    b. Una vez disuelto el cobre con ácido nítrico ¿Por qué se realiza el calentamiento y se añade urea? ¿Qué problemas conllevaría no realizar este procedimiento?
5. Para neutralizar el pH ácido, producido por el ácido nítrico, se añade amoníaco, hasta que se observa la formación de un precipitado o una tonalidad azul oscura, siendo necesario, en este último caso, calentar la mezcla. ¿Por qué es tan importante eliminar el exceso de amoníaco por calentamiento si posteriormente este medio básico se va a neutralizar con ácido acético? ¿Qué pH es el más adecuado para la reacción entre Cu^{2+} y I^-?
6. ¿Por qué se añade KSCN al final de valoración yodométrica del cobre?
7. En esta práctica el cobre se obtiene por reducción de disoluciones acuosas de sus iones. En la industria, se obtiene también mediante un proceso pirometalúrgico. Explicar brevemente dicho proceso.
8. El cobre que se obtiene industrialmente mediante procesos pirometalúrgicos o hidrometalúrgicos no tiene la pureza adecuada para determinados usos por lo que se realiza un refinado electrolítico para obtener un cobre de muy elevada pureza. Explicar brevemente este procedimiento.

10.9. Bibliografía

1. C. E. Housecroft, A. G. Sharpe, *Química Inorgánica,* Ed. Pearson Education, Madrid, 2006.
2. N. N. Greenwood, A. Earnshaw, *Chemistry of the Elements.* Ed Butterworth-Heinemann, 2nd Edition, Oxford, 1997.
3. G. Rayner-Canham, *Química Inorgánica Descriptiva.* Ed. Pearson Educación 2ª edición, México, 2000.

11. MÉTODO *SOLVAY*: PRODUCCIÓN DE CARBONATO DE SODIO

11.1. Introducción

El carbonato de sodio es el noveno compuesto inorgánico más importante en términos de cantidad consumida. Durante más de medio siglo, el "bicarbonato de sodio" (y, a partir de él, el carbonato) se produjo por el proceso Solvay, o de amoníaco-sosa. Sin embargo, los problemas ambientales asociados a las reacciones de este proceso han hecho que sea preferible extraer el carbonato de depósitos subterráneos. Con mucha diferencia, la cantidad más grande del mundo, $4{,}5 \cdot 10^{10}$ toneladas, se encuentra en Wyoming (EEUU). El mineral, llamado *trona*, contiene cerca del 90% de una combinación de carbonato e hidrogenocarbonato, $NaCO_3 \cdot NaHCO_3 \cdot 2H_2O$, que se conoce como sesquicarbonato de sodio.

En el proceso de extracción del monohidrato, la *trona*, se extrae como el carbón a unos 400 m bajo tierra, se tritura y luego se calcina en hornos rotatorios. Este tratamiento convierte el sesquicarbonato en carbonato, según el siguiente esquema de reacción:

$$2\,[Na_2CO_3 \cdot NaHCO_3 \cdot 2H_2O] \xrightarrow{\Delta} 3\,Na_2CO_3 + 5\,H_2O + CO_2$$

El carbonato de sodio, así obtenido, se disuelve en agua y las impurezas no solubles se eliminan por filtración. A continuación, la disolución de carbonato de sodio se evapora a sequedad para producir carbonato de sodio monohidratado. El calentamiento final de este producto en un horno rotatorio produce carbonato de sodio anhidro:

$$Na_2CO_3 \cdot H_2O \xrightarrow{\Delta} Na_2CO_3 + H_2O$$

El proceso Solvay fue ideado en el año 1863 y aunque la última planta Solvay de Estados Unidos cerró en 1986, muchos otros países dependen de este proceso químico para su abastecimiento de carbonato de sodio. De hecho, cerca del 70% del abastecimiento mundial de Na_2CO_3 todavía se obtiene del proceso Solvay.

El carbonato de sodio anhidro, Na_2CO_3, llamado también soda Solvay, sal de sosa o ceniza de sosa, es considerado el carbonato más importante de los metales alcalinos, principalmente por sus aplicaciones industriales. Entre los usos más frecuentes destacan la industria de vidrio, de jabones y detergentes, de pasta de papel siderúrgica, en esmaltes y otros productos químicos. El carbonato de sodio también se usa para eliminar cationes alcalinotérreos de los suministros de agua convirtiéndolos en sus carbonatos insolubles, en un proceso conocido como "*ablandamiento de aguas*".

Finalmente, el hidrogenocarbonato de sodio, $NaHCO_3$, denominado, también, carbonato ácido de sodio, carbonato monosódico, sal de Vichy o bicarbonato de sodio; se utiliza como antiácido gástrico en medicina y principalmente en la industria alimentaria, para hacer que los productos de panificación "fermenten". Desde el punto de vista biológico, actúa junto al dióxido de carbono, como encargado de la reserva ácido/básica en los organismos vivos. La mayor parte del hidrogenocarbonato, producido a nivel industrial, se emplea para su conversión en carbonato de sodio mediante calentamiento suave, según la reacción:

$$2\ NaHCO_3 \rightarrow Na_2CO_3 + H_2O + CO_2$$

Esta reacción, es la base de una aplicación del hidrogenocarbonato de sodio, el principal componente de los extintores para incendios basados en polvos secos. El hidrogenocarbonato de sodio en polvo ahoga las llamas, pero, además, el sólido descompone para dar dióxido de carbono y vapor de agua, dos gases que extinguen el fuego.

Dada la gran aplicación de este proceso en la sociedad actual, vale la pena estudiar y profundizar sobre él. Además, es un ejemplo de un aprovechamiento eficaz de materias primas de bajo costo: piedra caliza (fuente de carbonato de calcio, $CaCO_3$), sal (fuente de cloruro de sodio, NaCl) y amoníaco (NH_3). La reacción global aparentemente es sencilla:

$$2\ NaCl + CaCO_3 \leftrightarrows Na_2CO_3 + CaCl_2$$

Sin embargo, el equilibrio de esta reacción está muy desplazado hacia la izquierda. Es decir, ocurre la reacción inversa; el cloruro de calcio reacciona con carbonato de sodio para dar un precipitado de carbonato de calcio y una solución de cloruro de sodio. Es una suerte que el equilibrio favorezca a los reactivos, de lo contrario ¡desde hace mucho los blancos acantilados de Dover se habrían disuelto en el agua salada del Canal de la Mancha! (Figura 11.1).

Figura 11.1. Acantilados de Dover de caliza blanda.

Para forzar la reacción inversa y obtener el producto deseado de carbonato de sodio, es preciso usar un procedimiento indirecto de varios pasos. El problema que presenta el proceso Solvay es la cantidad de cloruro de calcio que se obtiene como subproducto. La demanda de cloruro de calcio es mucho menor que el abastecimiento que proporciona esta reacción. Además, el proceso consume mucha energía, lo que lo hace más costoso que el sencillo método de extraerlo a partir del mineral.

11.2. Objetivos

1. Sintetizar sales inorgánicas, reproduciendo a escala de laboratorio un proceso industrial.
2. Realizar ensayos de caracterización y análisis para calcular el rendimiento de la reacción y la pureza del producto obtenido.
3. Reforzar conocimientos previos conceptuales sobre equilibrio químico, principio de Le Châtelier y ácido-base.

11.3. Fundamento teórico

La síntesis de $NaHCO_3$, a nivel industrial, se realiza por el método Solvay, proceso basado en la reacción que tiene lugar entre una solución saturada de cloruro de sodio en amoníaco acuoso y dióxido de carbono.

Las materias primas son la sal común (NaCl), la caliza (compuesta principalmente por $CaCO_3$), ambas materias de bajo coste, y amoníaco, el cual puede recuperarse posteriormente a partir de la disolución de cloruro de amonio.

En una primera etapa se produce CO_2 mediante la adición lenta de HCl sobre el $CaCO_3$ según el siguiente esquema de reacción:

$$CaCO_3 + 2\ HCl \rightarrow CaCl_2 + CO_2 + H_2O$$

El CO_2 desprendido se lava con agua para eliminar las posibles impurezas de HCl que puedan ser arrastradas. Cuando el CO_2 llega al matraz con la disolución saturada de sal común en amoníaco acuoso, reacciona con el agua de la disolución y el amoníaco para generar hidrogenocarbonato de amonio, según el siguiente equilibrio:

$$CO_2 + H_2O + NH_3 \rightarrow NH_4^+ + HCO_3^-$$

Finalmente, debido a la alta concentración de NaCl (efecto salino) y a su menor solubilidad, se produce la precipitación del hidrogenocarbonato de sodio, dejando el cloruro de amonio en disolución:

$$NH_4HCO_3 + NaCl \rightarrow NaHCO_3 + NH_4Cl$$

El hidrogenocarbonato de sodio, sólido, se separa por filtración y se calienta suavemente para dar el correspondiente carbonato:

$$2\,NaHCO_3 \rightarrow Na_2CO_3 + CO_2 + H_2O$$

El éxito comercial del proceso depende de la recuperación del amoníaco por la reacción:

$$2\,NH_4^+ + 2\,Cl^- + Ca(OH)_2 \rightarrow 2\,NH_3 + CaCl_2 + 2\,H_2O$$

El hidróxido de calcio y el dióxido de carbono que se usan en el proceso se obtienen calcinando piedra caliza:

$$CaCO_3 \xrightarrow{\Delta} CaO + CO_2$$

$$CaO + H_2O \rightarrow Ca(OH)_2$$

Si se realiza la suma de las seis ecuaciones, se obtiene la ecuación para el proceso global:

$$2\,NaCl + CaCO_3 \leftrightarrows Na_2CO_3 + CaCl_2$$

Debido a la saturación de CO_2 y al tiempo que debe de dejarse en reposo para la mejor cristalización del hidrogenocarbonato de sodio, éste no se obtiene puro, sino mezclado con carbonato de sodio. Por ello, se ha de determinar el porcentaje de cada sal existente en el producto obtenido.

11.4. Aparatos y material

Balanza analítica
Embudo Büchner
Embudo de vidrio
Granatario
Matraces Erlenmeyer de 250 mL
Pie o soporte
Pipetas de 5 y 10 mL
Probeta de 100 mL
Trípode
Varilla de vidrio
Vidrio de reloj o pesasustancias
Bureta de 50 mL
Embudo de adición de presión compensada
Frascos lavadores
Matraces aforados de 100 mL
Matraz de fondo redondo de dos bocas
Pinza para buretas
Pipeta Pasteur con tetina de goma
Rejilla
Tubos de ensayo
Vasos de precipitados de 100 y 250 mL

11.5. Reactivos

Acido clorhídrico
Amoníaco
Cloruro de bario
Agua destilada
Carbonato de calcio
Cloruro de sodio

Fenolftaleína
Hidrogenoftalato de potasio
Nitrato de plata
Hidrogenocarbonato de sodio
Hidróxido de sodio
Rojo de metilo

11.6. Procedimiento experimental

11.6.1. Preparación de disoluciones:

Disolución de HCl 6 M. Se pipetean 49,7 mL (ρ= 1,19 g/mL, 35%) de HCl comercial que se añadirán sobre un vaso de precipitados de 100 mL con aproximadamente 40 mL de agua destilada y se homogeniza. A continuación, una vez fría la disolución, se transfiere a un matraz aforado de 100 mL arrastrando con agua destilada el interior del vaso. Finalmente, se enrasa hasta la marca de aforo.

Disolución de HCl 0,1 M. Se pipetean 1,7 mL de la disolución de HCl 6 M previamente preparada sobre un matraz aforado de 100 mL y se enrasa con agua destilada, el matraz se agita hasta homogeneizar la disolución.

Disolución de NH_3 al 10% (p/v). Se pipetean 40 mL (ρ = 0,90 g/mL, 25%) de NH_3 que se añadirán sobre un vaso de precipitados de 100 mL con aproximadamente 40 mL de agua destilada y se homogeniza. A continuación, se transfiere a un matraz aforado de 100 mL arrastrando con agua destilada el interior del vaso. Finalmente, se enrasa hasta la marca de aforo.

Disolución saturada de NH_3/NaCl. Se pesan 20,0 g (58,44 g/mol) de NaCl y se disuelven, con agitación constante, en 65 mL de NH_3 al 10%. A continuación, se filtra con un filtro de plieges directamente a un frasco lavador que se tapa con algodón.

Disolución de $BaCl_2$ 0,1 M. Dado que el uso de esta disolución es puramente cualitativo, su preparación puede ser directa y no necesita de estandarización. Disolver 2,44 g (244,26 g/mol) de $BaCl_2 \cdot 2H_2O$ sobre un vaso de precipitados de 100 mL con aproximadamente 40 mL de agua destilada y se homogeniza. A continuación, se transfiere a un matraz aforado de 100 mL arrastrando con agua destilada el interior del vaso. Finalmente, se enrasa hasta la marca de aforo.

Disolución de $NaHCO_3$ saturada. Se toman aproximadamente 10,0 g (84,01 g/mol) de $NaHCO_3$ comercial y se disuelven, hasta sobresaturación, en 20 mL de agua. A continuación, filtrar directamente sobre papel de filtro plegado a un vaso de precipitados de 100 mL.

Disolución de NaOH 0,1 M. Disolver 0,41 g (40,00 g/mol, 98%) de NaOH sobre un vaso de precipitados de 100 mL con aproximadamente 40 mL de agua destilada y se homogeniza. A continuación, se transfiere a un matraz aforado de 100 mL arrastrando con agua destilada el interior del vaso. Finalmente, se enrasa hasta la marca de aforo.

Disolución de $AgNO_3$ 0,01 M. Dado que el uso es puramente cualitativo, la preparación de esta disolución puede ser aproximada y no necesita de estandarización. Disolver 0,17 g (169,87 g/mol) de $AgNO_3$ sobre un vaso de precipitados de 100 mL con aproximadamente 40 mL de agua destilada y se homogeniza. A continuación, se transfiere a un matraz aforado de 100 mL arrastrando con agua destilada el interior del vaso. Finalmente, se enrasa hasta la marca de aforo.

Disolución de fenolftaleína. Se disuelven 0,05 g de fenolftaleína en 50 mL de etanol. Posteriormente, se agregan 50 mL de agua destilada.
Disolución de rojo de metilo. Se disuelven 0,01 g de rojo de metilo en 100 mL de agua destilada.

11.6.2. Preparación de $NaHCO_3$ y Na_2CO_3

En primer lugar se monta el sistema de reacción según el esquema presentado en la Figura 11.2. El montaje debe realizarse en la campana extractora de gases.

En el embudo de adición (1) se introduce la disolución de HCl 6 M, (verificando que la llave está cerrada). En el matraz de fondo redondo de dos bocas (2) se introduce el $CaCO_3$(*s*) (50 g). El frasco lavador contiguo (3) se llena con agua (hasta 1/3 de su volumen, quedando el vástago por debajo de la superficie del líquido). A continuación, se incorpora un frasco lavador de seguridad vacío (4), montado de manera contraria a los restantes, para evitar que, en el caso de disminuir la presión en el matraz productor (2), la disolución del frasco (5) revierta sobre el frasco lavador (3) y ésta a su vez sobre el matraz (2). En el último frasco lavador (5) se introduce la disolución saturada de NaCl en NH_3 (Ver Fig. 11.2).

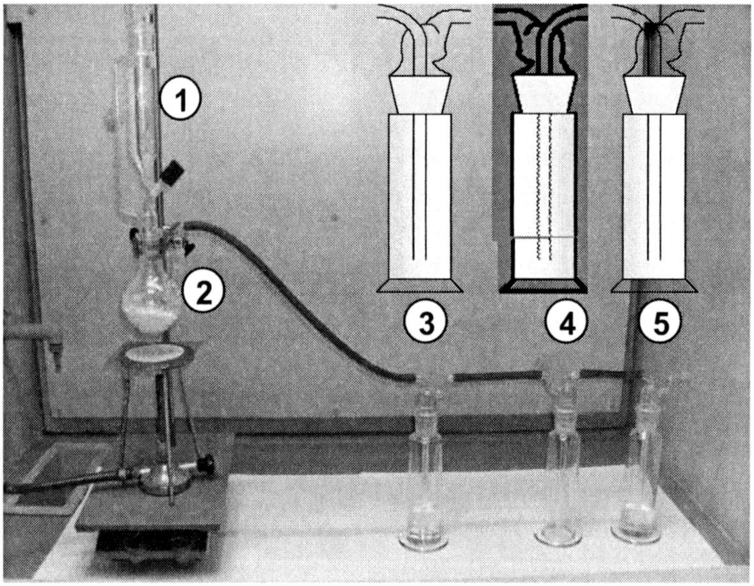

Figura 11.2. Montaje a escala preparativa de laboratorio para la producción de Na_2CO_3 por el método Solvay. (1) HCl 6 M, (2) $CaCO_3$ sólido, (3) H_2O para lavar el CO_2, (4) frasco lavador vacío, (5) disolución saturada de NaCl en NH_3.

Una vez montado el sistema de reacción tal y como se presenta en la Figura 11.2, se añade lentamente la disolución de HCl 6 M desde el embudo de adición de presión compensada (1) sobre el $CaCO_3$ sólido (2) y una vez conseguido un flujo constante de CO_2, se deja borbotear sobre la disolución saturada de NaCl en NH_3 (5), durante aproximadamente dos horas para la obtención de $NaHCO_3$. El CO_2 generado se pasa a través del frasco que contiene agua (3) para lavar el gas de un posible arrastre de HCl y como medida de seguridad a través de otro frasco lavador vacío (4). Cuando el borboteo de CO_2 cesa, se retira rápidamente el tapón de vidrio del embudo de adición de presión compensada para equilibrar la presión entre el matraz, los frascos lavadores y el exterior. Finalmente, se deja reposar y cristalizar la disolución resultante durante 24 h. El precipitado, así obtenido, se filtra con un embudo Büchner y se lava con dos fracciones de 20 mL de una disolución saturada de $NaHCO_3$ y dos fracciones de 5 mL de acetona, secándolo finalmente al aire. El aspecto del producto es un sólido pulverulento blanco.

11.6.3. Determinación del porcentaje de $NaHCO_3$ y Na_2CO_3

11.6.3.1. Estandarización de una disolución de hidróxido de sodio 0,1 M

Se prepara una disolución de NaOH 0,1 M según el apartado 11.6.1. Se monta la bureta comprobando con agua que la llave funcione correctamente, se enjuaga con la disolución de NaOH 0,1 M (homogeneización de la bureta) y se sujeta mediante una pinza al soporte. Seguidamente la bureta se carga con la disolución de NaOH 0,1 M y se enrasa abriendo la llave, asegurándose de que la punta inferior está llena de disolución y sin burbujas de aire.

A continuación, se pesan aproximadamente 0,25 g de hidrogenoftalato de potasio, anotando exactamente la pesada, y se disuelven en 50 mL aproximadamente de agua y se añaden 2-3 gotas de fenolftaleína. Seguidamente, se comienza la valoración y se anota el volumen de NaOH gastado cuando se produce el viraje de la fenoltaleína del incoloro al rosa. Se realiza la valoración por duplicado aceptando una diferencia de volumen entre ambos datos menor de 0,5 mL, calculando un valor medio. Conocido el valor medio del volumen de NaOH empleada y los gramos exactos de hidrogenoftalato de potasio se calcula la concentración exacta de la disolución de NaOH.

11.6.3.2. Estandarización de una disolución de ácido clorhídrico 0,1 M

Se prepara una disolución de HCl 0,1 M según el apartado 11.6.1. Por otro lado, se mantiene la bureta cargada y enrasada con NaOH de la anterior estandarización y cuya concentración ahora se conoce exactamente.

A continuación, se pipetean exactamente 10 mL de HCl en un Erlenmeyer de 250 mL, al que se añaden, aproximadamente, 50 mL de agua y 2-3 gotas de fenolftaleína. A continuación, se añade NaOH, gota a gota, desde la bureta y se anota el volumen de NaOH gastado cuando se produce el viraje de la fenoltaleína del incoloro al rosa. Se realiza la valoración por duplicado aceptando una diferencia de volumen entre ambos datos menor de 0,5 mL, obteniendo un valor medio. Conocido el valor medio del volumen de NaOH empleada y el volumen de HCl tomado, se calcula la concentración exacta de la disolución de HCl.

11.6.3.3. Valoración de la muestra obtenida

Se monta la bureta comprobando con agua que la llave funcione correctamente, se enjuaga la bureta con la disolución de HCl 0,1 M recientemente estandarizada (homogeneización de la bureta) y se sujeta mediante una pinza al soporte. La bureta se carga con el reactivo valorante y se enrasa abriendo la llave, asegurándose de que la punta inferior está llena y sin burbujas de aire.

Por otro lado, se pesan aproximadamente 110 mg del producto, mezcla de carbonato e hidrogenocarbonato, obtenido previamente en el apartado 11.6.2. anotando el valor exacto de la pesada. Se disuelven parcialmente en un tubo de ensayo en 5 mL de agua destilada y se añaden 2-3 gotas de fenoftaleína, tomando la suspensión una coloración rosada. Con este primer indicador se observa el equilibrio de trasformación del carbonato presente en la muestra de hidrogenocarbonato.

$$CO_3^{2-} + H^+ \rightarrow HCO_3^-$$

Fenolftaleína

A continuación, se comienza a valorar con HCl 0,1 M hasta la desaparición del color rosa de la fenoftaleína, anotando el volumen de HCl consumido. Seguidamente, se trasvasa toda la disolución a un vaso de precipitados de 100 mL y se añaden 2-3 gotas de rojo de metilo, tomando la disolución una tonalidad amarilla. De esta forma se pretende observar la transformación de todo el hidrogenocarbonato de sodio en acido carbónico, que descompone a temperatura ambiente y presión atmosférica en CO_2 y H_2O.

$$HCO_3^- + H^+ \rightarrow H_2CO_3 \leftrightarrows CO_2 + H_2O$$

Rojo de metilo

Una vez que la disolución vira del color amarillo al rojo, se hierve la disolución durante unos 3-4 minutos con el mechero Bünsen, para eliminar todo el CO_2 disuelto en la muestra y desplazar el equilibrio totalmente hacia la derecha, asegurando que la reacción sea cuantitativa. Posiblemente sea necesario adicionar algunos mL más de HCl hasta viraje completo al rojo. La valoración se realiza por duplicado aceptando una diferencia de volumen entre ambos datos menor de 0,5 mL. Conocido el valor de los volúmenes de HCl empleados, se calcula la cantidad de carbonato e hidrogenocarbonato presentes en la muestra cristalizada inicialmente.

11.6.4. Estudio de la reactividad de $NaHCO_3$ y Na_2CO_3

Observar cuidadosamente y anotar todos los cambios producidos en los experimentos de los siguientes apartados.

1. Disolver una punta de espátula del sólido obtenido en el apartado 11.6.2. en 5 mL de agua y medir el pH de la disolución resultante.
2. Poner una segunda fracción del sólido obtenido en un tubo de ensayo y calentarlo a la llama del mechero. A continuación enfriar el tubo de ensayo y añadir 5 mL de agua. Medir el pH y compararlo con el obtenido en apartado 1.
3. Dividir el contenido de los tubos preparados en los apartados 1 y 2 en cuatro fracciones aproximadamente iguales cada uno de ellos; 1a, b, c, d y 2a, b, c, d.
4. Añadir sobre la pareja 1a y 2a unas gotas de $BaCl_2$.
5. Añadir sobre la pareja 1b y 2b unas gotas de $AgNO_3$.
6. Añadir sobre la pareja 1c y 2c unas gotas de HCl 6 M.
7. Añadir fenolftaleína sobre las parejas 1d-2d y 1c-2c. Comparar la presencia del color rosa y la intensidad del mismo entre ellos.

11.7. Resultados.

1. Determinar el contenido de carbonato e hidrogenocarbonato presentes en la muestra obtenida en el apartado 11.6.2. expresando el resultado en % de cada uno de ellos.
2. Con los datos obtenidos por los distintos grupos de trabajo del laboratorio, realizar un tratamiento estadístico de los resultados (media, desviación estándar y desviación con relación a la media), después de haber eliminado previamente los datos discordantes.
3. Comentar los resultados obtenidos en cuanto al contenido en carbonato e hidrogenocarbonato por el método Solvay.
4. Explicar las observaciones encontradas en los experimentos del apartado 11.6.4. Estudio de la reactividad de $NaHCO_3$ y Na_2CO_3.

11.8. Cuestiones

1. Comprobar que las seis reacciones que intervienen en el proceso Solvay conducen a la reacción global:

$$2\ NaCl + CaCO_3 \leftrightarrows Na_2CO_3 + CaCl_2$$

11.9. Bibliografía

1. N. N. Greenwood, A. Earnshaw, *Chemistry of the Elements.* Ed. Butterworth-Heinemann, 2ª Edición, Oxford, 1997.
2. G. Rayner-Canham, *Química Inorgánica Descriptiva.* Ed. Pearson Education 2ª Edición, México, 2000.

12. DESULFURACIÓN DE GASES CONTAMINANTES

12.1. Introducción

A principios de los años 80 comienzan a llegar a España noticias desde el norte de Europa sobre las llamadas lluvias ácidas: se empieza a hablar de la muerte de los lagos en Escandinavia, de la destrucción de la Selva Negra alemana, la corrosión acelerada de edificaciones y monumentos históricos en Roma, etc. Los agentes causantes de la acidificación son el dióxido de azufre (SO_2) y los óxidos de nitrógeno (NO_x), provenientes de las emisiones de las grandes centrales térmicas que queman combustibles fósiles, motores de coches, calefacciones y plantas industriales. Dichas sustancias pueden reaccionar con el oxígeno atmosférico y disolverse en el agua de lluvia, produciendo al caer la llamada *"lluvia ácida"*. En zonas con escasez de precipitaciones, se produce la llamada *"deposición seca"*, que se debe a la deposición directa sobre las hojas de los árboles o en el suelo. También puede ocurrir que las sustancias contaminantes se mezclen con las gotas de niebla, produciéndose la *"deposición oculta"*, cuya acidez puede llegar a ser 10 veces superior a la de la lluvia. Allí donde el nivel de deposición acidificante excede la capacidad tampón del medio, los problemas de acidificación surgen tarde o temprano. Así surge el concepto de *"carga crítica"*, que se define como aquella exposición por debajo de la cual los efectos dañinos significativos sobre los elementos sensibles del ambiente no ocurren según el conocimiento actual. En 1990, alrededor de 87 millones de hectáreas naturales eran afectadas por niveles de deposición ácida que excedían la habilidad de la naturaleza para compensar la llamada carga crítica. Además, hay que tener en cuenta que dichas partículas contaminantes pueden ser transportadas a largas distancias, lo que supone que el problema de la acidificación no reconoce fronteras.

Hacia los años 50 se descubrió que los peces estaban desapareciendo de los lagos y canales de Escandinavia del sur, y hoy día, multitud lagos suecos se encuentran afectados por la acidificación, con el daño que ello conlleva para el crecimiento y vida animal. Estos daños también se han extendido al Reino Unido y Los Alpes.

Por otro lado, existe el problema de la corrosión y destrucción del patrimonio cultural. Las edificaciones y los monumentos históricos de más de una docena de países europeos, entre ellos España, están experimentado una corrosión acelerada. Así, por ejemplo, el Partenón ha sufrido, más en los últimos 30 años, el efecto de la erosión de lo que lo hizo durante los 2400 anteriores. Todo ello se debe a las emisiones de dióxido de azufre y óxidos de nitrógeno, que se convierten en ácidos fuertes que atacan tanto a edificios antiguos como nuevos, siendo los más afectados los objetos y estructuras de materiales fácilmente degradables, como la caliza y la piedra arenisca.

Entre las medidas para reducir las emisiones de estos agentes contaminantes, conviene insistir en que tanto las plantas de combustión como los vehículos, pueden equiparse con tecnología de control de emisiones que pueden eliminar en un 90 %, e incluso más, las emisiones de carácter acidificante. En el caso del SO_2, se puede actuar en tres puntos distintos del ciclo para reducir las emisiones: eliminando el azufre del combustible, eliminándolo durante la quema o desulfurando los gases emitidos. Esta práctica se centra en el último de los procesos, en el que se aplican los procesos de *desulfuración de gases* (FGD), que son los más eficaces en la reducción de estas emisiones. Así se consiguen disminuciones del 85-95 %, con la ventaja además de poder aplicarse a grandes centrales térmicas que ya están en funcionamiento. Las técnicas FGD son las más extendidas en Centroeuropa y las más apropiadas para aplicar en las grandes centrales de nuestro país.

12.2. Objetivos

1. Reproducir a escala de laboratorio un proceso industrial de desulfuración de gases contaminantes.
2. Realizar ensayos de caracterización y análisis para calcular el rendimiento de la reacción y la composición de la mezcla obtenida.
3. Reforzar conocimientos previos conceptuales sobre equilibrio químico, principio de Le Châtelier, equilibrio ácido-base y reactividad de óxidos inorgánicos.

12.3. Fundamento teórico

Con el fin de simular la emisión de SO_2 a la atmósfera se va a producir de SO_2 a escala de laboratorio. Para ello se hace reaccionar el metabisulfito de sodio, $Na_2S_2O_5$, con un ácido fuerte. En las condiciones de presión y temperatura de trabajo, el metabisulfito de sodio descompone generando ácido sulfuroso, H_2SO_3, y cloruro de sodio, NaCl, que quedan disueltos en el medio de reacción, y dióxido de azufre, SO_2, que se libera del medio de reacción, según la siguiente ecuación:

$$Na_2S_2O_5(s) + 2\,HCl(ac) \leftrightarrows H_2SO_3(ac) + 2\,NaCl(ac) + SO_2(g)$$

El atrapamiento de SO_2 gaseoso se puede realizar por dos vías distintas utilizando dos compuestos, que tras reaccionar, conducen al mismo producto final. En primer lugar, se utilizará una base, el hidróxido de calcio $Ca(OH)_2$, que reacciona con el SO_2 generado, dando lugar a sulfito de calcio y agua, según el siguiente equilibrio:

$$Ca(OH)_2(ac) + SO_2(g) \leftrightarrows CaSO_3(ac) + H_2O$$

Por otro lado, existe otro método alternativo en el que se puede aprovechar la reactividad que presenta el $CaCO_3$ en el medio ácido que se genera al borbotear SO_2 sobre agua, para producir de nuevo sulfito de calcio, dióxido de carbono y agua.

$$CaCO_3(ac) + SO_2(g) \leftrightarrows CaSO_3(ac) + CO_2(g)$$

La alta concentración de SO_2 en el agua, hace que estos equilibrios estén muy desplazados hacia la derecha y las reacciones son prácticamente cuantitativas.

En estas reacciones existe la posibilidad de una segunda reacción de oxidación parcial de los sulfitos (SO_3^{2-}) a sulfatos (SO_4^{2-}) debido a la presencia del oxígeno atmosférico, de manera que el sólido que se genera presenta una composición mixta, aunque el porcentaje de sulfitos es claramente superior al de sulfatos, como se determinará en las cuestiones de la práctica.

Lo realmente interesante de este proceso, además de la propia desulfuración, y por tanto, la eliminación en la atmósfera de un agente altamente nocivo, es la transformación de SO_2 en un nuevo compuesto, no contaminante, que sí que tiene aprovechamiento industrial, como es el $CaSO_4 \cdot 2H_2O$, también llamado "*yeso tipo París*", muy utilizado en la construcción para el revestimiento de interiores de edificios. El $CaSO_4 \cdot 2H_2O$ se obtiene a nivel industrial cuantitativamente oxidando totalmente la mezcla inicialmente obtenida en el proceso descrito en reactores a alta temperatura en presencia de catalizadores.

12.4. Aparatos y material

Balanza analítica
Embudo Büchner
Embudo de vidrio
Granatario
Matraces Erlenmeyer de 250 mL
pH-metro
Pinza para buretas
Pipeta Pasteur con tetina de goma
Rejilla
Tubos de ensayo
Vasos de precipitados de 100 y 250 mL
Bureta de 50 mL
Embudo de adición de presión compensada
Frascos lavadores de gases
Matraces aforados de 100 mL
Matraz de fondo redondo de tres bocas
Pie o soporte
Pipetas de 5 y 10 mL
Probeta de 100 mL
Trípode
Varilla de vidrio
Vidrio de reloj o pesasustancias

12.5. Reactivos

Ácido clorhídrico
Ácido nítrico
Ácido sulfúrico
Carbonato de calcio
Hidróxido de calcio
Metabisulfito de sodio
Oxalato de sodio
Verde malaquita
Acido etilendiaminotetracético (EDTA) (sal disódica)
Agua destilada
Cloruro de bario
Hidróxido de sodio
Murexida
Permanganato de potasio

12.6. Procedimiento experimental

12.6.1. Preparación de disoluciones

Disolución de EDTA 0,05 M. En un vaso de precipitados de 250 mL se disuelven 4,650 g (372,24 g/mol) de EDTA en forma de sal disódica dihidratada en unos 150 mL de agua destilada. Si la disolución no es total a temperatura ambiente, se calienta con el mechero Bünsen hasta la completa disolución de la sal. A continuación, una vez que se encuentra a temperatura ambiente la disolución, se pasa a un matraz aforado de 250 mL arrastrando con agua destilada el contenido del vaso y se lleva hasta enrase con agua destilada. Esta sustancia se considera patrón primario si previamente se ha desecado a 80 ºC para eliminar la humedad.

Disolución de $BaCl_2$ 0,1 M. Dado que el uso de esta disolución es puramente cualitativo, su preparación puede ser directa y no necesita de estandarización. Se disuelven 2,08 g (244,26 g/mol) de $BaCl_2 \cdot 2H_2O$ sobre un vaso de precipitados de 100 mL con aproximadamente 40 mL de agua destilada y se homogeniza la disolución. A continuación, se transfiere a un matraz aforado de 100 mL arrastrando con agua destilada el interior del vaso. Finalmente, se enrasa hasta la marca de aforo.

Disolución de NaOH 2 M. Dado que el uso de esta disolución es puramente cualitativo, su preparación puede ser directa y no necesita de estandarización. Se disuelven 8,0 g (40,00 g/mol, 98%) de NaOH sobre un vaso de precipitados de 100 mL con aproximadamente 40 mL de agua destilada y se homogeniza la disolución. A continuación, se transfiere a un matraz aforado de 100 mL arrastrando con agua destilada el interior del vaso. Finalmente, se enrasa hasta la marca de aforo.

Disolución de $Na_2C_2O_4$ 0,05 M. Esta disolución se prepara de acuerdo con el apartado 12.6.3.3.

Disolución de $KMnO_4$ 0,01 M. Esta disolución se prepara y estandariza de acuerdo con el apartado 12.6.3.3.

Disolución de Verde malaquita. Disolver 1 g de verde malaquita en 20 mL de agua destilada.

Murexida. Se utiliza como una mezcla sólida del indicador y NaCl seco en proporción 5/1000. Se utiliza en este estado debido a su inestabilidad en disolución.

Suspensión de $CaCO_3$. Se prepara una suspensión por adición 3,0 g (100,09 g/mol) de $CaCO_3$ en un vaso de precipitados con 70 mL de agua destilada. A continuación, se transfiere al frasco lavador (6).

Suspensión de $Ca(OH)_2$. Se prepara una suspensión por adición 3,0 g (74,09 g/mol, 95%) de $Ca(OH)_2$ en un vaso de precipitados con 70 mL de agua destilada. A continuación, se transfiere al frasco lavador (4).

12.6.2. Atrapamiento de SO_2 y su transformación en $CaSO_3$ y $CaSO_4$

En primer lugar se monta el sistema de reacción según el esquema presentado en la Figura 12.1. El montaje debe realizarse en la campana extractora de gases.

En el embudo de adición (1) se introduce la disolución de HCl comercial (verificando que la llave está cerrada). En el matraz de fondo redondo de tres bocas

(2) se introduce el $Na_2S_2O_5$ (40,0 g). A continuación se incorporan dos frascos lavadores de seguridad vacíos (3) y (5), montados de manera contraria a los restantes, para evitar que en caso de disminución de la presión en el interior del matraz generador de SO_2 (2), las disoluciones de los frascos (4) y (6) reviertan sobre el mismo.

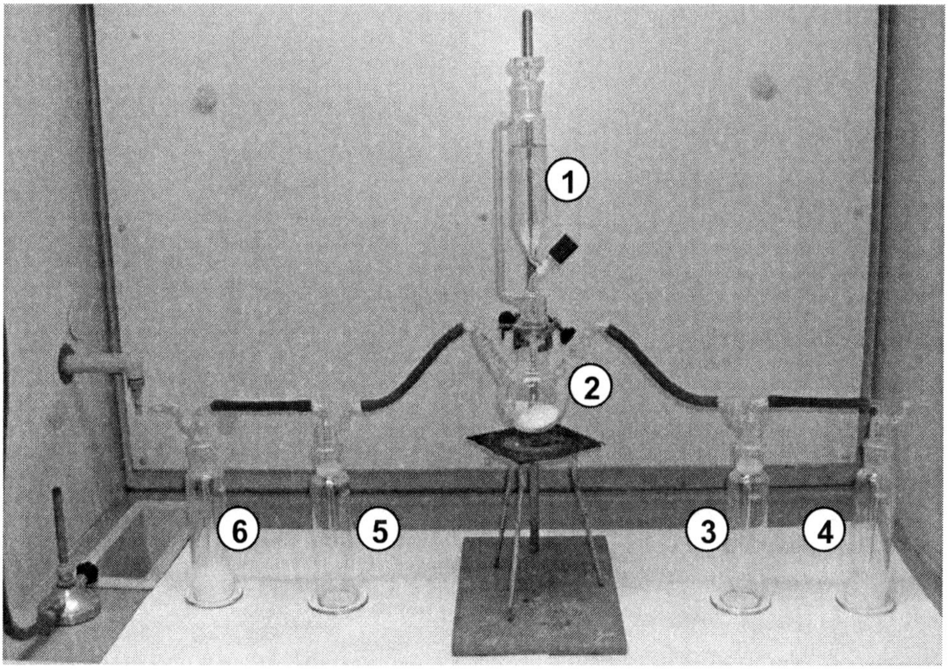

Figura 12.1. Montaje a escala preparativa de laboratorio para la transformación de $SO_2(g)$ en $CaSO_3$ y $CaSO_4$. (1) HCl comercial, (2) $Na_2S_2O_5$ sólido, (3) frasco lavador vacío, (4) suspensión de $Ca(OH)_2$, (5) frasco lavador vacío y (6) suspensión de $CaCO_3$.

La adición de HCl desde el embudo de adición de presión compensada (1) sobre el $Na_2S_2O_5$ sólido (2) debe realizarse cuidadosamente, y una vez conseguido un flujo constante de SO_2 se deja borbotear sobre las suspensiones de $Ca(OH)_2$ (4) y $CaCO_3$ (6), durante aproximadamente media hora hasta que la reacción se completa y, por tanto, se produzca la total desaparición de los correspondientes sólidos, transformándose en disoluciones completamente incoloras. Para acelerar la generación de SO_2, es conveniente aplicar calor con el mechero Bunsen sobre el matraz (2). Entre el matraz generador de SO_2 (2) y los frascos (4) y (6), se intercalan dos nuevos frascos lavadores, (3) y (5) vacíos como medida de seguridad. Una vez terminadas las reacciones, se retira inmediatamente el tapón de vidrio del embudo de adición de presión compensada para equilibrar la presión entre el matraz, los frascos lavadores y el exterior. A continuación, se filtra el contenido de los frascos lavadores (4) y (6) que contienen las suspensiones de $Ca(OH)_2$ (4) y $CaCO_3$ (6) sobre dos vasos de precipitados, arrastrando con 2 fracciones de agua destilada de 30 mL su contenido para preparar las correspondientes disoluciones. Estas disoluciones se transfieren a un matraz aforado de 100 mL y se llevan con agua destilada hasta su enrase.

12.6.3. Análisis de los productos obtenidos

12.6.3.1. Cálculo del rendimiento de la reacción

Se prepara una disolución de EDTA 0,05 M según el apartado 12.6.1. Por otro lado, se monta la bureta comprobando con agua que la llave funcione correctamente, se enjuaga con pequeñas fracciones de la disolución de EDTA 0,05 M y se sujeta mediante una pinza al soporte. La bureta se carga con dicha disolución de EDTA 0,05 M y se enrasa abriendo la llave, asegurándose de que la punta inferior quede llena y sin burbujas de aire.

A continuación, se pipetea exactamente 1 mL de disolución de los matraces que contienen las disoluciones resultantes de los frascos de lavadores (4) y (6) y se añaden sobre dos vasos de precipitados de 100 mL con 30 mL de agua destilada. Con la ayuda de un pH-metro las disoluciones se llevan hasta pH 12 por adición, gota a gota, de NaOH 2 M. Seguidamente, se adiciona una punta de espátula de indicador (murexida en polvo) y se comienza la valoración de cada muestra independientemente, anotando el volumen de EDTA gastado cuando se produce el viraje de la murexida del rosa al violeta intenso.

$$\underset{\textit{Rosa}}{CaH_2In^-} + Y^{4-} \leftrightarrows \underset{\textit{Violeta intenso}}{CaY^{2-}} + H_2In^{3-}$$

Se realiza la valoración por duplicado aceptando una diferencia de volumen entre ambos datos menor de 0,5 mL, calculando un valor medio. Conocido el valor medio del volumen de EDTA empleado en cada valoración y el volumen exacto tomado de las disoluciones problema, se calcula la concentración exacta en calcio.

12.6.3.2. Cristalización del $CaSO_3$ generado

Las disoluciones de los matraces aforados provenientes de los frascos lavadores (4) y (6) se vierten sobre dos vasos de precipitados de 250 mL y se concentran hasta 2/3 partes de su volumen inicial, dejando reposar y cristalizar las disoluciones resultantes hasta durante 24 horas y filtrando los precipitados obtenidos a vacío con un embudo Büchner. Seguidamente, se lavan ambos precipitados con dos fracciones de 10 mL de agua destilada y dos fracciones de 5 mL de acetona, secándolos al aire. El aspecto del sólido en ambos casos es blanco pulverulento.

12.6.3.3. Determinación del porcentaje de sulfitos (SO_3^{2-}) en la muestra por valoración con $KMnO_4$

a) Estandarización del $KMnO_4$

Debido a que el $KMnO_4$ no es una sustancia patrón tipo primario debe estandarizarse frente a otra sustancia que sí que presente las características de un patrón tipo primario, como por ejemplo el oxalato de sodio. Para ello se prepara una disolución de concentración aproximada 0,01 M de $KMnO_4$ en un matraz aforado de 250 mL tomando 0,395 g de la sal y 25 mL del ácido sulfúrico comercial. Teniendo en cuenta que esta disolución se va a estandarizar posteriormente para conocer su concentración exacta, no es necesario pesar exactamente el permanganato de potasio, por lo que esta operación se puede realizar en el granatario.

El permanganato así preparado, presenta la posibilidad de reducirse lentamente por la presencia de trazas de sustancias reductoras en el agua y de descomposición catalizada por el MnO_2. Por ello, es necesario determinar la concentración de la disolución antes de su utilización si transcurre mucho tiempo desde la fecha de su preparación.

a.1) Preparación de la disolución de oxalato de sodio 0,05 M

Se seca cierta cantidad de $Na_2C_2O_4$ con pureza de patrón primario durante dos horas en la estufa a 110 °C y se enfría posteriormente en un desecador. A continuación, se prepara una disolución de 100 mL de $Na_2C_2O_4$ 0,05 M, calculando la masa de sólido químicamente puro que se necesita y pesando exactamente en la balanza analítica (con una precisión de 0,1 mg) una cantidad de oxalato de sodio aproximadamente igual al valor calculado (0,670 g). Finalmente, se prepara la disolución en un matraz aforado de 100 mL y se recalcula su concentración exacta.

a.2) Valoración de la disolución de permanganato de potasio 0,01 M

Se monta la bureta comprobando con agua que la llave funcione correctamente, se enjuaga con la disolución de $KMnO_4$ y se sujeta mediante una pinza al soporte. La bureta se carga con la disolución de $KMnO_4$ y se enrasa abriendo la llave, asegurándose de que la punta inferior este llena y sin burbujas de aire.

A continuación, se toma con la pipeta un volumen exacto de 10 mL de la disolución de oxalato de sodio y se vierten sobre un matraz erlenmeyer de 250 mL. La muestra se diluye en aproximadamente 50 mL de agua destilada y se añaden 5 mL de ácido sulfúrico comercial. La muestra se calienta a 80 ó 90°C en una placa calefactora y en presencia de los primeros vapores, sobre un fondo blanco se valora añadiendo la disolución de permanganato, gota a gota, sobre la disolución, en continua agitación, hasta la aparición de coloración violeta persistente (la temperatura en las proximidades del punto final no debe descender de unos 60 °C. Si la valoración ha requerido un tiempo considerable es conveniente volver a calentar la disolución antes de llegar al punto final). La valoración se realiza por duplicado aceptando una diferencia de volumen entre ambos datos menores de 0,5 mL, calculando un valor medio. Conocido el valor medio del volumen de $KMnO_4$ empleado y el volumen exacto de oxalato de sodio tomado, se calcula el valor exacto de la concentración de la disolución de $KMnO_4$.

$$2\ MnO_4^- + 5\ C_2O_4^{2-} + 16\ H^+ \leftrightarrows 2\ Mn^{2+} + 10\ CO_2 + 8\ H_2O$$

b) Determinación de sulfitos en la muestra

Se monta la bureta y se prepara de igual forma que en el apartado a.2) con la disolución de $KMnO_4$ previamente estandarizada. A continuación, se pesa aproximadamente 100 mg de cada uno de los productos finamente dividido (obtenidos de la cristalización de las disoluciones de los frascos lavadores (4) y (6), respectivamente, en el apartado 12.6.3.2.), anotando los valores exactos de la pesada y suspendiéndolos en 20 mL de agua destilada en dos matraces Erlemenyer de 250 mL. Seguidamente, sobre un fondo blanco se comienza la valoración de cada muestra independientemente, añadiendo la disolución de permanganato gota a gota sobre la suspensión, agitando ésta continuamente hasta que la aparición de coloración violeta persista con la agitación, y anotando el volumen gastado de disolución de $KMnO_4$. De esta forma, se oxidan los sulfitos presentes en la muestra a sulfatos. Se realiza la valoración por duplicado en cada muestra, aceptando una diferencia de volumen entre ambos datos menores de 0,5 mL, calculando un valor medio. Conocido el valor medio del volumen de permanganato de potasio empleado en cada valoración y el peso exacto de las muestras de $CaSO_3$, se calcula el número de moles de sulfitos, SO_3^{2-}, que han reaccionado y, por tanto, el porcentaje presente en la muestra.

$$6H^+ + 5SO_3^{2-} + 2\ MnO_4^- \leftrightarrows 5\ SO_4^{2-} + 2\ Mn^{2+} + 3\ H_2O$$

12.6.3.4. Estudio de reactividad de la mezcla de sulfitos y sulfatos de calcio

Observar cuidadosamente y anotar todos los cambios producidos en los experimentos de los siguientes apartados.

1. Suspender una porción de cada uno de los productos en 5 mL de agua (tubos 1 y 2) y medir el pH de la suspensión resultante.
2. Añadir sobre los tubos 1 y 2 unas gotas de disolución de verde malaquita y dejar reposar unos minutos. Suspender nuevamente una porción de cada uno de los productos en dos tubos de ensayo (tubos 3 y 4) con 5 mL de agua y disolver con la adición de 2-3 gotas de HNO_3 comercial. A continuación, añadir $BaCl_2$.
3. Tomar unos mililitros de la disolución resultante de la valoración con permanganato de potasio sobre un tubo de ensayo (tubo 5) y añadir unas

gotas de disolución de verde malaquita. Dejar reposar el tubo durante unos minutos.

12.7. Resultados

1. Determinar el contenido en calcio de la muestra, expresando el resultado en mg/mL, así como, el rendimiento de cada una de la reacciones, interpretando las reacciones que intervienen en cada proceso.
2. Determinar el % de sulfitos y sulfatos presentes en la muestra, ajustando todas las reacciones redox que intervienen en la determinación.
3. Con los datos obtenidos por los distintos grupos de trabajo del laboratorio, realizar un tratamiento estadístico de los resultados (media, desviación estándar y desviación con relación a la media), después de haber eliminado previamente los datos discordantes.
4. Comentar los resultados obtenidos en cuanto al contenido en sulfito y sulfato de calcio en las muestras obtenidas provenientes del $Ca(OH)_2$ y $CaCO_3$.
5. Explicar las observaciones encontradas en los experimentos del apartado 12.6.3.4. Estudio de reactividad de la mezcla de sulfitos y sulfatos de calcio.

12.8. Cuestiones

1. Describir algunos procesos de desulfuración de gases contaminantes que se estén llevando a cabo a nivel nacional.

12.9. Bibliografía

1. R. H. Petrucci, W. S. Harwood, F. G. Herring, *Química General*, Ed. Prentice Hall, 8ª Edición, 2003.
2. G. Rayner-Canham, *Química Inorgánica Descriptiva.* Ed. Pearson Educación 2ª edición, México, 2000.

13. ELECTRÓLISIS DE AGUA

13.1. Introducción

Las celdas voltaicas (pilas y baterías convencionales) se basan en reacciones espontáneas de oxidación-reducción. A la inversa, es posible utilizar energía eléctrica para llevar a cabo reacciones redox no espontáneas. Esta clase de procesos impulsados por una fuente externa de energía se denominan electrólisis.

En la industria, los procesos de electrólisis son, muchas veces, la única ruta viable para la obtención de ciertas sustancias en su forma elemental. Como, por ejemplo, en la producción de F_2, Cl_2, Li, Na, Mg, Ca, Al y algunos metales de transición.

El sodio metálico, Na, se obtiene mediante el proceso Downs, que consiste en la electrólisis de cloruro de sodio fundido (p.f. 801 °C). Además en este proceso se obtiene también Cl_2 gaseoso. En este proceso, los cationes Na^+ se reducen en el electrodo negativo y los aniones Cl^- se oxidan en el electrodo positivo. Tiene lugar en una celda electrolítica con un ánodo central de grafito y un cátodo de acero. Como electrolito, se usa una mezcla de cloruro de calcio y cloruro de sodio, fundidos, para disminuir el punto de fusión y reducir la temperatura de operación de la celda. Los dos electrodos se separan por un diafragma cilíndrico de malla de acero, de modo que el sodio fundido se mantiene aislado del cloro gaseoso que se forma en el ánodo.

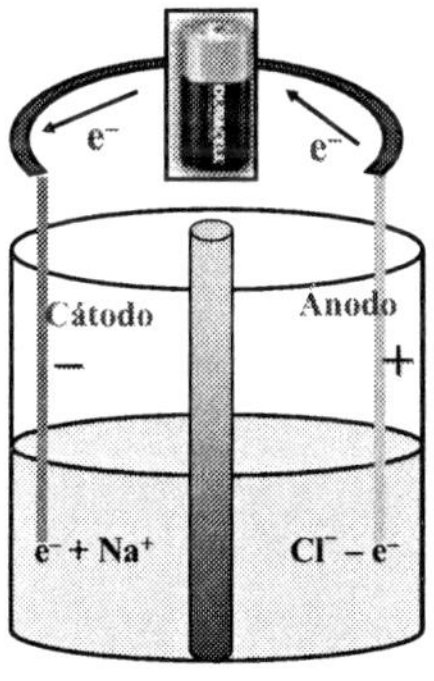

Cátodo: $2\ Na^+\ (l) + 2e^- \rightarrow 2\ Na\ (l)$

Ánodo: $2\ Cl^-\ (l) \rightarrow Cl_2\ (g) + 2e^-$

Figura 13.1. Electrólisis de cloruro de sodio fundido

13.2. Objetivos

1. Estudiar los conceptos básicos de electrólisis.
2. Preparar O_2 e H_2 a partir de la electrólisis del agua.
3. Llevar a cabo la síntesis del agua a partir de H_2 y O_2.

13.3. Fundamento teórico

La electrólisis se lleva a cabo en celdas electrolíticas. Una celda electrolítica se compone de dos electrodos introducidos en un líquido o una disolución. La celda es activada por una batería o fuente de energía eléctrica directa, que actúa cediendo un flujo de electrones hacia un electrodo y tomándolos de otro. El electrodo del que se toman los electrones se marca como positivo y el que recibe los electrones como negativo. En una celda electrolítica el convenio de signos es el opuesto al correspondiente a una celda voltaica. El cátodo es negativo porque los electrones son empujados hacia él por la fuente externa y el ánodo es positivo porque la fuente externa le está quitando electrones.

El proceso de electrólisis del agua, desde una fuente barata de energía eléctrica (placas solares, turbinas de viento o saltos de agua), es muy importante en la producción de hidrógeno para su uso como combustible siendo una alternativa a los derivados del petróleo. El éxito de hidrógeno como combustible pasa por la optimización de las pilas de combustible. Son dispositivos electroquímicos que convierten directamente energía química en eléctrica, con una alta eficiencia. Generan electricidad de modos semejante a las pilas secas tradicionales pero requieren un suministro continuo de combustible. El combustible es O_2 y H_2 y el residuo es H_2O

13.4. Aparatos y material

3 cerillas
Espátula
Pinzas de laboratorio
Pipeta de 10 mL
Tapones de goma
2 electrodos de acero inoxidable
Pinzas con nuez
Pie soporte
Rotulador de vidrio
Vaso de precipitados de 1000 mL
Material adicional: Fuente de electricidad (Cargador de baterías de plomo) y pinzas de tipo crocodilo)

13.5. Reactivos

Agua destilada
Carbonato de sodio decahidrato

13.6. Procedimiento experimental

13.6.1. Preparación de disoluciones

Disolución de Na_2CO_3 saturada. Se toman aproximadamente 50 g (286,14 g/mol) de $Na_2CO_3 \cdot 10H_2O$ y se disuelven en aproximadamente 60 mL de agua destilada. Se filtra para eliminar el exceso el carbonato de sodio no disuelto.

13.6.2. Electrólisis de agua

Un vaso de precipitados de 1000 mL se llena con agua hasta aproximadamente la mitad. Se llenan también dos tubos de ensayo con agua, hasta 2/3 de su capacidad, y se tapan con un tapón de goma. Los dos tubos de ensayo se invierten y se introducen en el vaso de agua, sujetando con cuidado el tapón de goma. El tubo de ensayo se sujeta mediante una pinza al soporte. Se quitan los tapones utilizando para ello unas pinzas o una espátula y se depositan en el fondo del vaso.

Para iniciar el proceso de electrólisis se conecta la pila (fuente de electricidad externa, en este caso, un cargador de baterías de plomo) a los dos electrodos de acero mediante los cables y pinzas tipo cocodrilo y ambos electrodos se introducen en el vaso de agua, cada uno al lado de uno de los tubos de ensayo, marcando con un rotulador de vidrio el tubo que esta próximo al electrodo de acero conectado al electrodo positivo de la pila y, de forma similar, marcando el tubo de ensayo que esta próximo al electrodo de acero conectado al electrodo negativo de la pila, tal y como se observa en la figura 13.2, transcurridos 2 minutos se adicionan 60 mL de una disolución saturada de carbonato de sodio. En todo momento es necesario observar cuidadosamente los cambios producidos en el sistema y anotarlos inmediatamente.

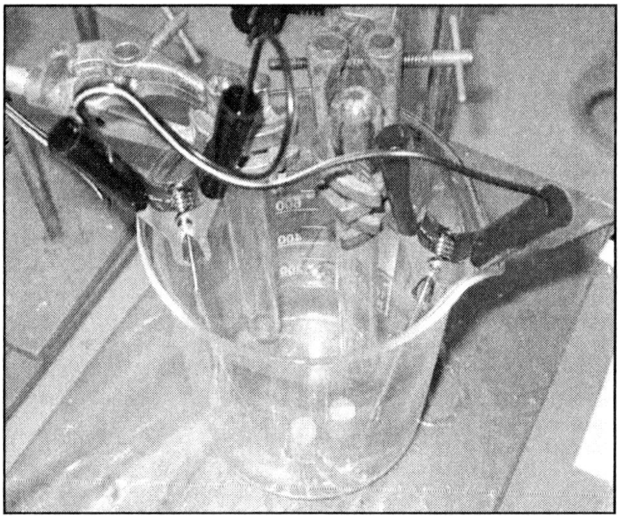

Figura 13.2. Montaje experimental de la electrólisis de agua

La pila se mantiene conectada al sistema durante 30 minutos más, o hasta que uno de los tubos se llene de gas hasta 1/3 de su volumen, aproximadamente. Finalmente, se desconecta la pila y los electrodos de acero se sacan del vaso de precipitados. Dentro del agua se taponan los tubos y se retiran del vaso. Se marca con un rotulador de vidrio el nivel de gas que existe en cada tubo antes de invertir los tubos.

En ambos tubos de ensayo se introduce una cerilla (encendida en el caso del tubo del electrodo negativo y recién apagada para el tubo del electrodo positivo) teniendo la precaución de no tocar el agua y se observan cuidadosamente los resultados. A continuación, para medir el volumen de gas existente en los tubos de ensayo se vacían y se llenan nuevamente con agua hasta la marca realizada anteriormente con el rotulador de vidrio, el volumen de agua utilizado en cada caso se mide cuidadosamente con una pipeta y corresponde al volumen de gas.

13.6.3. Síntesis de agua

Se repite el procedimiento seguido en el experimento del aparato 13.6.2. hasta que uno de los dos tubos de ensayo se llene de gas hasta, aproximadamente, 2/3 de su capacidad. En es momento, se intercambian las conexiones de la pila (fuente de electricidad externa) y se deja transcurrir el experimento hasta que los tubos se llenan hasta casi el total de su capacidad. Finalmente, se desconecta la pila y los electrodos de acero se sacan del vaso de precipitados. Dentro del agua se taponan los tubos y se retiran del vaso. En ambos tubos de ensayo se introducen una cerilla recién apagada teniendo la precaución de no tocar el agua y se observan cuidadosamente los resultados.

13.7. Resultados

1. Explicar las observaciones encontradas en el experimento 13.6.2. Electrolisis del agua.
2. Escribir las ecuaciones redox que tienen lugar en el proceso de electrólisis del agua y la reacción global ajustada.
3. ¿Qué tubo de ensayo, asociado a qué electrodo, tiene un mayor volumen de gas? ¿Por qué?
4. ¿Qué sucede al insertar las cerillas en cada uno de los tubos en los experimentos 13.6.2 y 13.6.3? ¿Qué tipo y que volumen de gas se produce en cada caso?
5. Calcular la relación existente entre los volúmenes de los diferentes gases obtenidos en el experimento 13.6.2 y calcular las masas de gas obtenidas y la relación entre ellas. ¿Cuáles son los valores esperados? Explicar los resultados obtenidos. Densidad de H_2 = 0,000084 g/cm^3; Densidad de O_2 = 0,0016 g/cm^3.
6. Explicar las observaciones encontradas en el experimento 13.6.3. Síntesis de agua.
7. Escribir las ecuaciones redox que tienen lugar en el proceso de síntesis de agua y la reacción global ajustada.

13.8. Cuestiones

1. ¿Por qué es necesario añadir una disolución de carbonato de sodio al agua para que comience el proceso de electrólisis?
2. Para que el proceso de electrólisis transcurra con éxito es necesario aplicar un potencial al sistema superior al potencial teórico de la celda. ¿Por qué?
3. Si la relación entre volúmenes y masas no son los esperados explicar por qué.
4. ¿Por qué no es posible calcular el rendimiento en el proceso de síntesis de agua?
5. ¿En la actualidad qué métodos se emplean para producir hidrógeno industrialmente? ¿Qué ventajas y desventajas tienen estos procesos?
6. Se piensa que el hidrógeno será el combustible del futuro. ¿Qué desventajas puede tener la producción de hidrógeno por electrólisis de agua? ¿Cómo se pueden solucionar estos problemas?
7. ¿Por qué no se puede aislar sodio metálico por electrólisis de una disolución acuosa de cloruro de sodio?

13.9. Bibliografía

1. C. E. Housecroft, A. G. Sharpe. *Química Inorgánica,* Ed. Pearson Education, Madrid, 2006.
2. N.N. Greenwood, A. Earnshaw. *Chemistry of the Elements.* Ed Butterworth-Heinemann, 2nd Edition, Oxford, 1997.
3. G. Rayner-Canham. *Química Inorgánica Descriptiva.* Ed. Pearson Educación 2ª edición, México, 2000.

14. CRISTALIZACIÓN. ALTERACIÓN DE LA FORMA DE LOS CRISTALES

14.1. Introducción

Los cristales son entidades puras, homogéneas y con formas geométricas definidas (*hábitos*) cuando están bien formados. Los cristales se producen de varias formas:

- A partir de una disolución cuando se evapora el disolvente lentamente.
- A partir de un material fundido cuando el líquido se enfría.
- A partir de vapor cuando éste entra en contacto con una superficie fría.

Los cristales se originan y crecen con formas definidas porque los átomos de las sustancias cristalinas se disponen ordenadamente de acuerdo con un patrón definido. Mientras aumentan de tamaño, se agregan nuevas capas de átomos. Pero cada uno de ellos, siempre, se depositará en cierto ángulo y a una determinada distancia de los otros. De este modo, se produce un ordenamiento de los átomos y un crecimiento del cristal. La forma básica depende, pues, de los ángulos y de la distancia entre un átomo y su vecino.

14. 2. Objetivos

1. Sintetizar diferentes tipos de alumbres.
2. Estudiar el crecimiento de cristales en disolución acuosa en función del medio de cristalización.

14.3. Fundamento teórico

El término alumbre se refiere a sales dobles hidratadas, de fórmula general, $M^{I}M^{III}(SO_4)_2 \cdot xH_2O$, que contienen el anión sulfato, un catión monovalente, generalmente amonio, sodio o potasio y un catión trivalente, como aluminio, hierro o cromo. Desde un punto de vista comercial, el alumbre más importante es el sulfato de aluminio y potasio $KAl(SO_4)_2 \cdot 12H_2O$, denominado *alumbre de potasa*, empleado en la industria textil como mordiente, es decir, para facilitar en un proceso de tinción la unión del colorante a las fibras textiles. No obstante, existen alumbres de cromo, de hierro, de amonio y otros muchos metales. Estos compuestos son empleados, principalmente, como clarificantes del agua en plantas de tratamiento de aguas municipales, es decir, eliminan la turbidez del agua haciendo que recobre su color transparente.

Los alumbres, principalmente cristalizan, en el sistema cristalino cúbico, en forma de octaedros que pueden crecer hasta un tamaño considerable. Sin embargo, si se modifica el pH de la disolución de alumbre por adición de una base, la sal cristaliza en cubos. Por otro lado, si se utiliza ácido clorhídrico para modificar el pH del medio suelen obtenerse cristales en forma de dodecaedros romboidales o pentagonales.

14. 4. Aparatos y material

Aro metálico
Embudo buchner
Kitasato
Mechero Bunsen
Pipeta graduada de 5 y 10 mL
Probeta de 50 mL
Soporte
Varilla de vidrio
Vidrio de reloj o pesasustancias
Cristalizador
Embudo cônico
Matraz aforado de 100 mL
Pipeta Pasteur con tetina de goma
Placa calefactora
Rejilla
Trípode
Vasos de precipitados de 100 y 250 mL

14.4. Reactivos

Ácido clorhídrico
Ácido sulfúrico
Cloruro de aluminio hexahidrato
Sulfato de amonio
Sulfato de potasio
Ácido nítrico
Agua destilada
Hidróxido de sodio
Sulfato de hierro (II) heptahidrato

14.5. Procedimiento experimental

14.5.1. Precauciones a tener en cuenta

a) Extreme las precauciones al manejar el ácido sulfúrico y ácido nítrico puesto que provocan quemaduras graves.
b) Tenga cuidado al pesar (granatario) y manejar el hidróxido de sodio puesto que provoca quemaduras graves.
c) Tenga cuidado al añadir el ácido nítrico a la disolución caliente hágalo lentamente.

14.5.2. Preparación de disoluciones

Disolución de NaOH 4 M. Se pesan 16,33 g (40 g/mol, 98%) de NaOH y se disuelven en 80 mL de agua destilada. La mezcla, una vez fría, se transfiere a un matraz aforado de 100 mL y se completa con agua destilada hasta el enrase.
Disolución de NaOH 0,1 M. Se pesan 0,41 g de NaOH (40 g/mol, 98%) y se procede de manera similar al apartado anterior.
Disolución de H_2SO_4 2 M. Se pipetean 10,9 mL de ácido sulfúrico concentrado. (ρ=1,84 g/mL, 98%) y se añaden en un vaso de precipitados con unos 20 mL de agua. La mezcla se transfiere a un matraz aforado de 100 mL y se enrasa. Finalmente el matraz se agita para homogeneizar.

Disolución de HCl 0,1 M. Se pipetean 0,87 mL (ρ= 1,19 g/mL, 35%) de HCl y se adicionan a un vaso de precipitados con 20 mL de agua, la mezcla se transfiere a un matraz aforado de 100 mL y se completa con agua destilada hasta el enrase.

14.5.3. Síntesis de Alumbre de hierro y amonio

En la campana extractora de gases se disuelven 10 g de $FeSO_4 \cdot 7H_2O$ en 40 mL de agua destilada y se añaden 1,9 mL de H_2SO_4 concentrado. La disolución se calienta en una placa calefactora y se añaden muy lentamente y con mucho cuidado 5 mL HNO_3 concentrado observándose la producción de un gas de color marrón. La disolución se calienta hasta que cesa la producción de gas y la disolución adquiere un color rojizo. A continuación, se añade una disolución de $(NH_4)_2SO_4$, preparada por disolución de 4,62 g de la sal en 10 mL de agua destilada. El volumen de la disolución resultante se reduce por suave calentamiento hasta 2/3 la mitad de su volumen y se filtra con un embudo cónico y un filtro de pliegues sobre un cristalizador de 100 mL de capacidad, dejandose cristalizar durante las siguientes 24 h. Los cristales obtenidos se filtran a vacío, con un embudo büchner y un matraz kitasato, se lavan con dos fracciones de 20 mL de agua fría y se secan mediante succión. Los cristales se pesan para calcular el rendimiento.

14.5.4. Síntesis de Alumbre de aluminio y potasio

Se disuelven 10 g de $AlCl_3.6H_2O$ en 50 mL de agua destilada y se añaden 31 mL de una disolución de NaOH 4 M. La disolución se calienta con el mechero bunsen para favorecer el aglutinamiento y por tanto la decantación del $Al(OH)_3$ formado, y se filtra a vacío. El sólido obtenido se lava con 25 mL de agua caliente y se seca mediante succión. Una vez seco, se transfiere con ayuda de una espátula a un vaso de precipitados de 250 mL y se disuelve con 30 mL de H_2SO_4 2 M. La mezcla se calienta para favorecer la disolución del sólido. Cuando todo el sólido se encuentra disuelto se adiciona una disolución de K_2SO_4, preparada por disolución de 3,48 g de la sal en 30 mL de agua. El volumen de la disolución resultante se reduce por suave calentamiento hasta 2/3 la mitad de su volumen y se filtra con un embudo cónico y un filtro de pliegues sobre un cristalizador de 100 mL de capacidad, dejándose cristalizar en un baño de hielo. Los cristales obtenidos se filtran a vacío, con un embudo büchner y un matraz kitasato, se lavan con dos fracciones de 20 mL de agua fría y se secan mediante succión. Los cristales se pesan para calcular el rendimiento.

14.5.5. Recristalización del Alumbre de aluminio y potasio

a) en medio ácido

Se disuelven, mediante suave calentamiento, 5 g de $KAl(SO_4)_2 \cdot 12H_2O$ en la mínima cantidad (30 mL aproximadamente) de una disolución de HCl 0,1 M. La disolución resultante se filtra con un embudo cónico y un filtro de pliegues sobre un cristalizador de 100 mL de capacidad y se deja cristalizar durante las siguientes 24 h.

b) en medio básico

Se disuelven, mediante suave calentamiento, 3 g de $KAl(SO_4)_2 \cdot 12H_2O$ en la mínima cantidad (40 mL aproximadamente) de una disolución de NaOH 0,1 M. La disolución resultante se filtra con un embudo cónico y un filtro de pliegues sobre un cristalizador de 100 mL de capacidad y se deja cristalizar durante las siguientes 24 h.

14.6. Resultados

1. Explicar las observaciones encontradas en el experimento 14.5.3. Escribir las reacciones que tienen lugar.
2. Explicar las observaciones encontradas en el experimento 14.5.4. Escribir las reacciones que tienen lugar.
3. Calcular el rendimiento de las sales sintetizadas en los experimentos 14.5.3 y 14.5.4.

14.7. Cuestiones

1. ¿Qué gas se desprende al añadir HNO_3 en el proceso de síntesis del alumbre de hierro y amonio? ¿Qué características presenta dicho gas para que sea necesario realizar el experimento en la campana extractora de gases?
2. ¿Por qué es necesario lavar con agua caliente el hidróxido de aluminio formado en el experimento 14.5.4?
3. ¿Qué diferencia existe entre el proceso de recristalización del alumbre de aluminio potasio en medio básico o en medio ácido?
4. ¿Si se colocan algunos cristales en un tubo de ensayo o en un vidrio de reloj es de esperar algún cambio después de 24 h?

14.7. Bibliografía

1. www.xtal.iqfr.csic.es/Cristalografia/parte_01.html
2. M.D. Reboiras. *Quimica la ciencia básica.* Ed. Thomson, Paraninfo 2006.
3. J.C. Kotz, P.M. Treichel, *Química y reactividad química.*5 Ed. Thomson. México 2003.
4. C. Valenzuela. *Introducción a la química inorgánica.* Ed. Mc Graw Hill, Madrid 1999.

4. ANEXOS

ANEXO 1. EQUIPOS DE PROTECCIÓN PERSONAL

Guantes	De uso general, impermeables frente a disoluciones acuosas y muestras biológicas (sangre y orina)
	Específicos para determinados productos químicos y características físicas (calor y frío)
Gafas	Frente a proyecciones, con protección lateral
	Frente a radiaciones
Pantallas	De protección facial frente a proyecciones de líquidos
Mascarillas	Para polvo, partículas y gérmenes, antiolor…
Prendas de protección	Impermeables para trasvases y protecciones especiales

ANEXO 2. SUSTANCIAS PELIGROSAS

Clasificación de peligrosidad (NTP 635: Clasificación, envasado y etiquetado de las sustancias peligrosas).

Los productos químicos se consideran peligrosos debido a sus propiedades fisicoquímicas y toxicológicas y también a sus efectos específicos, tanto sobre la salud humana como sobre el medio ambiente.

Tabla 1. Propiedades Fisicoquímicas	
Explosivos	Las sustancias y preparados sólidos, líquidos, pastosos o gelatinosos que, incluso en ausencia de oxígeno atmosférico, puedan reaccionar de forma exotérmica con rápida formación de gases y que, en determinadas condiciones de ensayo, detonan, deflagran rápidamente o, bajo el efecto del calor, en caso de confinamiento parcial, explotan.
Comburentes	Las sustancias y preparados que, en contacto con otras sustancias, en especial con sustancias inflamables, produzcan una reacción fuertemente exotérmica.
Extremadamente inflamables	Las sustancias y preparados líquidos que tengan un punto de ignición extremadamente bajo y un punto de ebullición bajo, y las sustancias y preparados gaseosos que, a temperatura y presión normales, sean inflamables en contacto con el aire.
Fácilmente inflamables	Las sustancias y preparados: • Que pueden calentarse e inflamarse en el aire a temperatura ambiente sin aporte de energía. • Los sólidos que puedan inflamarse fácilmente tras un breve contacto con una fuente de inflamación y que sigan quemándose o consumiéndose una vez retirada dicha fuente. • Los líquidos cuyo punto de ignición sea muy bajo. • Que, en contacto con agua o con aire húmedo, desprendan gases extremadamente inflamables en cantidades peligrosas.
Inflamables	Las sustancias y preparados líquidos cuyo punto de ignición sea bajo.
Efectos sobre la salud	
Muy tóxicos	Las sustancias y preparados que, por inhalación, ingestión o

	penetración cutánea en muy pequeña cantidad puedan provocar efectos agudos o crónicos e incluso la muerte.
Tóxicos	Las sustancias y preparados que, por inhalación, ingestión o penetración cutánea en pequeñas cantidades puedan provocar efectos agudos o crónicos e incluso la muerte.
Nocivos	Las sustancias y preparados que, por inhalación, ingestión o penetración cutánea puedan provocar efectos agudos o crónicos e incluso la muerte.
Corrosivos	Las sustancias y preparados que, en contacto con tejidos vivos puedan ejercer una acción destructiva de los mismos.
Irritantes	Las sustancias y preparados no corrosivos que, en contacto breve, prolongado o repetido con la piel o las mucosas puedan provocar una reacción inflamatoria.
Sensibilizantes	Las sustancias y preparados que por inhalación o penetración cutánea, puedan ocasionar una reacción de hipersensibilidad, de forma que una exposición posterior a esa sustancia o preparado dé lugar a efectos negativos característicos.
Carcinogénicos	Las sustancias y preparados que, por inhalación, ingestión o penetración cutánea, puedan producir cáncer o aumentar su frecuencia.
Mutagénicos	Las sustancias y preparados que, por inhalación, ingestión o penetración cutánea, puedan producir alteraciones genéticas hereditarias o aumentar su frecuencia.
Tóxicos para la reproducción	Las sustancias y preparados que, por inhalación, ingestión o penetración cutánea, puedan producir efectos negativos no hereditarios en la descendencia, o aumentar la frecuencia de éstos, o afectar de forma negativa a la función o a la capacidad reproductora.
Efectos sobre el medio ambiente	
Peligrosos para el medio ambiente	Las sustancias o preparados que presenten o puedan presentar un peligro inmediato o futuro para uno o más componentes del medio ambiente.

Envasado y etiquetado

Envasado

Los envases para la comercialización de sustancias peligrosas deberán cumplir las siguientes condiciones:

- Estar diseñados y fabricados de tal modo que no sean posibles pérdidas de contenido (siempre que no dispongan de dispositivo especiales de seguridad).
- Los materiales con los que estén fabricados y sus cierres no deberán ser atacables por el contenido, ni formar combinaciones peligrosas con el cierre.
- Los envases y cierres deberán ser fuertes y sólidos.
- Los recipientes con un sistema de cierre reutilizable habrán de estar diseñados de forma que pueda cerrarse el envase varias veces sin pérdida de su contenido.
- Las sustancias muy tóxicas, tóxicas o corrosivas que puedan llegar al público en general, deberán disponer de un cierre de seguridad para niños y llevar una indicación de peligro detectable al tacto.
- Las sustancias nocivas, extremadamente inflamables o fácilmente inflamables que puedan llegar al público en general deberán disponer de una indicación de peligro detectable al tacto.

Etiquetado

Todo producto químico, sustancia o preparado, clasificado como peligroso debe incluir en su envase una etiqueta bien visible que es la primera información básica que recibe el usuario sobre los peligros inherentes al mismo y sobre las precauciones a tomar en su manipulación. Esta etiqueta, redactada en el idioma oficial del Estado, contendrá:

- *Nombre de la sustancia.* Si la sustancia está incluida en el Real Decreto 363/1995, de 10 de Marzo de 1995 se utilizará la nomenclatura que figura en el mismo; en caso de no estar incluida se utilizará la nomenclatura utilizada en el EINECS (Inventario europeo de sustancias comercializadas existentes) o en el ELINCS (Inventario europeo de sustancias notificadas) o, si no aparece en ellos, una nomenclatura química reconocida internacionalmente, tal como ISO o IUPAC.

- *Nombre, dirección y teléfono del fabricante o importador.* Es decir del responsable de su comercialización en la Unión Europea (UE).

- *Símbolos e indicaciones de peligro normalizadas* para destacar los riesgos principales. (Figura 1). Para las sustancias incluidas en el Real Decreto 363/1995, de 10 de Marzo de 1995, los símbolos e indicaciones de peligro serán los que figuren en el mismo. Cuando la sustancia no esté en dicho anexo, los símbolos e indicaciones podrán ajustarse a lo indicado en la tabla 2.

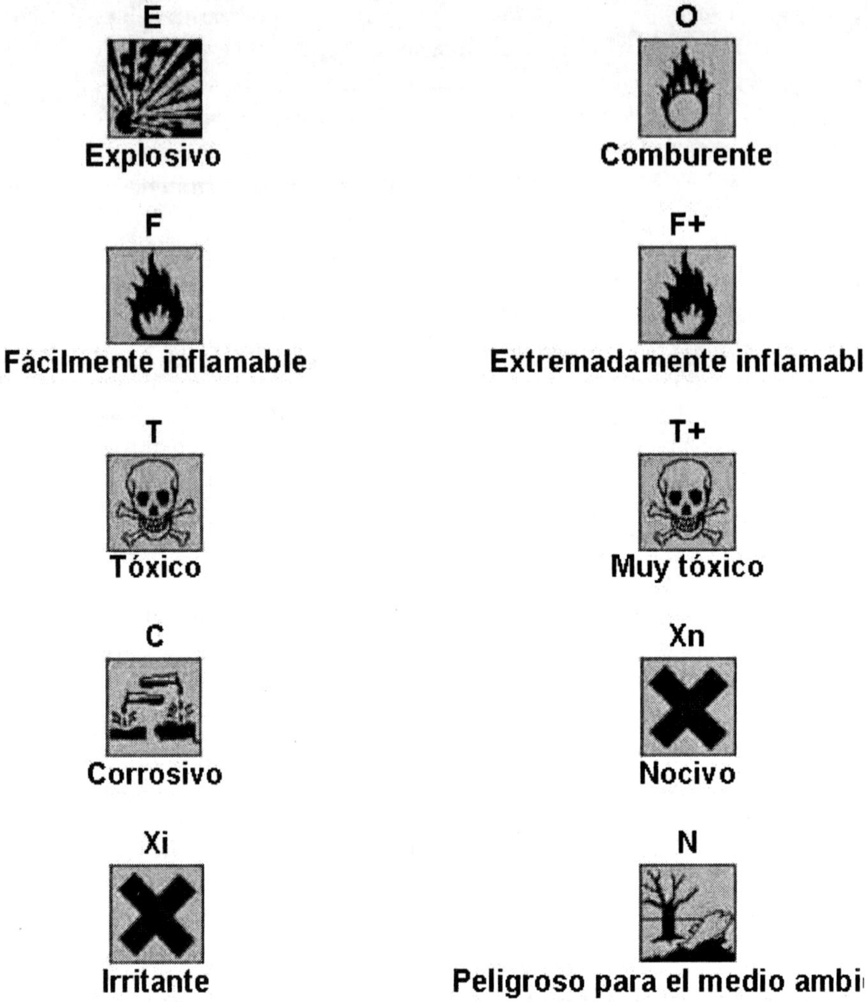

Nota: Las letras E, O, F, F^+, T, T^+, C, X^n, X^i y N no forman parte del símbolo.

Figura 1. Símbolos e indicaciones de peligro de las sustancias y preparados peligrosos.

Tabla 2. Símbolos obligatorios y facultativos

Símbolo obligatorio	Símbolo facultativo
T	C y X
C	X

E	**F y O**

- *Frases R* que permiten identificar y complementar determinados riesgos mediante su descripción. La redacción de las frases R y sus combinaciones se ajustará a los textos establecidos (Tabla 3).

Tabla 3. Frases R: Naturaleza de los riesgos específicos atribuidos a las sustancias y preparados peligrosos	
R1	Explosivo en estado seco.
R2	Riesgo de explosión por choque, fricción, fuego u otras fuentes de ignición.
R3	Alto riesgo de explosión por choque, fricción, fuego u otras fuentes de ignición.
R4	Forma compuestos metálicos explosivos muy sensibles.
R5	Peligro de explosión en caso de calentamiento.
R6	Peligro de explosión, en contacto o sin contacto con el aire.
R7	Puede provocar incendios.
R8	Peligro de fuego en contacto con materias combustibles.
R9	Peligro de explosión al mezclar con materias combustibles.
R10	Inflamable.
R11	Fácilmente inflamable.
R12	Extremadamente inflamable.
R14	Reacciona violentamente con el agua.
R15	Reacciona con el agua liberando gases extremadamente inflamables.
R16	Puede explosionar en mezcla con sustancias comburentes.
R17	Se inflama espontáneamente en contacto con el aire.
R18	Al usarlo pueden formarse mezclas aire-vapor explosivas/inflamables.
R19	Puede formar peróxidos explosivos.
R20	Nocivo por inhalación.
R21	Nocivo en contacto con la piel.
R22	Nocivo por ingestión.
R23	Tóxico por inhalación.
R24	Tóxico en contacto con la piel.

R25	Tóxico por ingestión.
R26	Muy tóxico por inhalación.
R27	Muy tóxico en contacto con la piel.
R28	Muy tóxico por ingestión.
R29	En contacto con agua libera gases tóxicos.
R30	Puede inflamarse fácilmente al usarlo.
R31	En contacto con ácidos libera gases tóxicos.
R32	En contacto con ácidos libera gases muy tóxicos.
R33	Peligro de efectos acumulativos.
R34	Provoca quemaduras.
R35	Provoca quemaduras graves.
R36	Irrita los ojos.
R37	Irrita las vías respiratorias.
R38	Irrita la piel.
R39	Peligro de efectos irreversibles muy graves.
R40	Posibles efectos cancerígenos.
R41	Riesgo de lesiones oculares graves.
R42	Posibilidad de sensibilización por inhalación.
R43	Posibilidad de sensibilización en contacto con la piel.
R44	Riesgo de explosión al calentarlo en ambiente confinado.
R45	Puede causar cáncer.
R46	Puede causar alteraciones genéticas hereditarias.
R48	Riesgo de efectos graves para la salud en caso de exposición prolongada.
R49	Puede causar cáncer por inhalación.
R50	Muy tóxico para los organismos acuáticos.
R51	Tóxico para los organismos acuáticos.
R52	Nocivo para los organismos acuáticos.
R53	Puede provocar a largo plazo efectos negativos en el medio ambiente acuático.
R54	Tóxico para la flora.

R55	Tóxico para la fauna.
R56	Tóxico para los organismos del suelo.
R57	Tóxico para las abejas.
R58	Puede provocar a largo plazo efectos negativos en el medio ambiente.
R59	Peligroso para la capa de ozono.
R60	Puede perjudicar la fertilidad.
R61	Riesgo durante el embarazo de efectos adversos para el feto.
R62	Posible riesgo de perjudicar la fertilidad.
R63	Posible riesgo durante el embarazo de efectos adversos para el feto.
R64	Puede perjudicar a los niños alimentados con leche materna.
R65	Nocivo. Si se ingiere puede causar daño pulmonar.
R66	La exposición repetida puede provocar sequedad o formación de grietas en la piel.
R67	La inhalación de vapores puede provocar somnolencia y vértigo
R68	Posibilidad de efectos irreversibles.

También se pueden utilizar las siguientes combinaciones de frases R: R14/15, R15/29, R20/21, R20/22, R20/21/22, R21/22, R23/24, R23/25, R23/24/25, R24/25, R26/27, R26/28, R26/27/28, R27/28, R36/37, R36/38, R36/37/38, R37/38, R39/23, R39/24, R39/25, R39/23/24, R39/23/25, R39/24/25, R39/23//24/25, R39/26, R39/27, R39/28, R39/26/27, R39/26/28, R39/27/28, R39/26/27/28, R42/43, R48/20, R48/21, R48/22, R48/20/21, R48/20/22, R48/21/22, R48/20/21/22, R48/23, R48/24, R48/25, R48/23/24, R48/23/25, R48/24/25, R48/23/24/25, R50/53, R51/53, R52/53, R68/20, R68/21, R68/22, R68/20/21, R68/20/22, R68/21/22, R68/20/21/22.

- *Frases S* que, a través de consejos de prudencia, establecen medidas preventivas para la manipulación y utilización. La redacción de las frases S y sus combinaciones se ajustará a los textos establecidos (Tabla 4).

Tabla 4. Frases S: Consejos de prudencia relativos a las sustancias y preparados peligrosos

S1	Consérvese bajo llave.
S2	Manténgase fuera del alcance de los niños.
S3	Consérvese en lugar fresco.
S4	Manténgase lejos de locales habitados.

S5	Consérvese en ... (líquido apropiado a especificar por el fabricante).
S6	Consérvese en ... (gas inerte a especificar por el fabricante).
S7	Manténgase el recipiente bien cerrado.
S8	Manténgase el recipiente en lugar seco.
S9	Consérvese el recipiente en lugar bien ventilado.
S12	No cerrar el recipiente herméticamente.
S13	Manténgase lejos de alimentos, bebidas y piensos.
S14	Consérvese lejos de ... (materiales incompatibles a especificar por el fabricante).
S15	Conservar alejado del calor.
S16	Conservar alejado de toda llama o fuente de chispas - No fumar.
S17	Manténgase lejos de materiales combustibles.
S18	Manipúlese y ábrase el recipiente con prudencia.
S20	No comer ni beber durante su utilización.
S21	No fumar durante su utilización.
S22	No respirar el polvo.
S23	No respirar los gases/humos/vapores/aerosoles [denominación(es) adecuada(s) a especificar por el fabricante].
S24	Evítese el contacto con la piel.
S25	Evítese el contacto con los ojos.
S26	En caso de contacto con los ojos, lávense inmediata y abundantemente con agua y acúdase a un médico.
S27	Quítese inmediatamente la ropa manchada o salpicada.
S28	En caso de contacto con la piel, lávese inmediata y abundantemente con ... (productos a especificar por el fabricante).
S29	No tirar los residuos por el desagüe
S30	No echar jamás agua a este producto.
S33	Evítese la acumulación de cargas electrostáticas.
S35	Elimínense los residuos del producto y sus recipientes con todas las precauciones posibles.
S36	Úsese indumentaria protectora adecuada.
S37	Úsense guantes adecuados.

S38	En caso de ventilación insuficiente, úsese equipo respiratorio adecuado.
S39	Úsese protección para los ojos/la cara.
S40	Para limpiar el suelo y los objetos contaminados por este producto, utilícese ... (a especificar por el fabricante).
S41	En caso de incendio y/o de explosión, no respire los humos.
S42	Durante las fumigaciones/pulverizaciones, úsese equipo respiratorio adecuado [denominación (es) adecuada(s) a especificar por el fabricante].
S43	En caso de incendio, utilizar ... (los medios de extinción los debe especificar el fabricante). (Si el agua aumenta el riesgo, se deberá añadir: "No usar nunca agua').
S45	En caso de accidente o malestar, acúdase inmediatamente al médico (si es posible, muéstresele la etiqueta).
S46	En caso de ingestión, acúdase inmediatamente al médico y muéstrele la etiqueta o el envase.
S47	Consérvese a una temperatura no superior a ... °C (a especificar por el fabricante).
S48	Consérvese húmedo con ... (medio apropiado a especificar por el fabricante).
S49	Consérvese únicamente en el recipiente de origen.
S50	No mezclar con ... (a especificar por el fabricante).
S51	Úsese únicamente en lugares bien ventilados.
S52	No usar sobre grandes superficies en locales habitados.
S53	Evítese la exposición - recábense instrucciones especiales antes del uso.
S56	Elimínense esta sustancia y su recipiente en un punto de recogida pública de residuos especiales o peligrosos.
S57	Utilícese un envase de seguridad adecuado para evitar la contaminación del medio ambiente.
S59	Remitirse al fabricante o proveedor para obtener información sobre su recuperación/reciclado.
S60	Elimínense el producto y su recipiente como residuos peligrosos.
S61	Evítese su liberación al medio ambiente. Recábense instrucciones específicas/ficha de datos de seguridad.
S62	En caso de ingestión no provocar el vómito: acúdase inmediatamente al médico y muéstresele la etiqueta o el envase.
S63	En caso de accidente por inhalación, alejar a la víctima fuera de la zona

	contaminada y mantenerla en reposo.
S64	En caso de ingestión, lavar la boca con agua (solamente si la persona está consciente).

También se pueden utilizar las siguientes combinaciones de frases S
S1/2, S3/7, S3/9/14, S3/9/14/49, S3/9/49, S3/14, S7/8, S7/9, S7/47, S20/21, S24/25, S27/28, S29/35, S29/56, S36/37, S36/37/39, S36/ 39, S37/39, S47/49.

- *Número de registro CE* de la sustancia (número EINECS o ELINCS) y, además, cuando se trate de sustancias incluidas en el Real Decreto 363/1995, de 10 de Marzo de 1995, la mención *"Etiqueta CE"*.

En las figuras 2 y 3 se presentan a título de ejemplo dos etiquetas. Se tendrá, además, en cuenta que nunca se podrán utilizar términos tales como: "no tóxico", "no nocivo", "no contaminante", "ecológico" o cualquier otra indicación que pueda llevar a infravalorar los riesgos del producto. Toda esta información deberá destacar sobre el fondo de la etiqueta y será de un tamaño suficiente e irá espaciada de forma tal que pueda leerse fácilmente. Las dimensiones de la etiqueta estarán relacionadas con la capacidad del envase y como mínimo serán las indicadas en el punto 1 del artículo 20. Cada símbolo deberá ocupar, por lo menos 1/10 del tamaño de la etiqueta y nunca será inferior a 1 cm^2.

Para cantidades iguales o inferiores a 125 mL que sean irritantes, fácilmente inflamables, inflamables o comburentes, así como las nocivas no destinadas al público en general, no será necesario indicar las frases R y las frases S.

También hay que tener en cuenta unos casos particulares como son: las botellas portátiles de gas, en cuyo caso bastará completar el etiquetado de transporte; las bombonas de gas propano, butano o gas licuado de petróleo (GLP) en cuya etiqueta deberá indicarse su inflamabilidad, mientras que los peligros para la salud humana se transmitirán a través de la FDS; los metales en forma maciza, que aunque no precisen una etiqueta al no ser peligrosos para la salud humana y el medio ambiente acuático en la forma en que se comercializan, el suministrador comunicará la información pertinente en la FDS; y las sustancias clasificadas como nocivas R65 no deberán incluir esta frase si se comercializan en envases para aerosoles o en envases con dispositivo nebulizador sellado.

		N,N- Dimetilanilina Nombre, dirección y teléfono del responsable de la comercialización
T Tóxico	N Peligroso para el medio ambiente	
Tóxico por inhalación, por ingestión y en contacto con la piel. Posibles efectos cancerígenos. Tóxico para los organismos acuáticos, puede provocar a largo plazo efectos negativos en el medio ambiente acuático. En caso de contacto con la piel, lávese inmediata y abundantemente con agua. Úsense indumentaria y guantes de protección adecuados. En caso de accidente o malestar, acúdase inmediatamente al médico (si es posible muéstresele la etiqueta). Evítese su liberación al medio ambiente. Recábense instrucciones específicas de la ficha de datos de seguridad.		
Nº CE: 204-493-5	Etiqueta CE	

Figura 2. Etiqueta para una sustancia incluida en el Real Decreto 363/1995, de 10 de Marzo de 1995

		Ácido Periódico Nombre, dirección y teléfono del responsable de la comercialización
O Comburente	C Corrosivo	
Peligro de fuego en contacto con materiales combustibles. Provoca quemaduras. Manténgase lejos de materiales combustibles. En caso de contacto con los ojos, lávense inmediatamente y abundantemente con agua y acúdase a un médico. En caso de accidente o malestar, acúdase inmediatamente al médico (si es posible muéstresele la etiqueta). Úsense indumentaria y guantes adecuados y protección para los ojos/la cara		
Nº CE: 233-937-0		

Figura. 3. Etiqueta para una sustancia no incluida en el Real Decreto 363/1995, de 10 de Marzo de 1995.

Ficha de datos de seguridad

La FDS es una importante fuente de información complementaria de la contenida en la etiqueta y constituye una herramienta de trabajo imprescindible en el campo de la prevención de riesgos laborales y de la protección al medio ambiente ya que suministra información tomar las medidas necesarias para la protección de la salud y de la seguridad en el lugar de trabajo. El responsable de la comercialización debe suministrarla obligatoriamente a los usuarios profesionales proporcionando información sobre las propiedades de la sustancia y los peligros para la salud y el medio ambiente, así como sobre los riesgos derivados de sus propiedades físicas y químicas, controles de exposición, manipulación, almacenamiento y eliminación. Estas fichas también informan sobre las medidas de lucha contra incendios, los medios de protección, precauciones a tomar en caso de vertido accidental y primeros auxilios. La FDS también deberá redactarse, al menos, en la lengua oficial del Estado e incluirá obligatoriamente la información especificada en los epígrafes de la tabla %.

La FDS se suministrará de forma gratuita y nunca más tarde de la primera entrega del producto y posteriormente siempre que se produzcan revisiones por nuevos conocimientos significativos relativos a la seguridad y a la protección de la salud y del medio ambiente.

Tabla 5. Información contenida en una ficha de datos de seguridad

I.	Identificación de la sustancia y del responsable de su comercialización
II.	Composición/información sobre los componentes
III.	Identificación de los peligros
IV.	Primeros auxilios
V.	Medidas de lucha contra incendios
VI.	Medidas en caso de vertido accidental
VII.	Manipulación y almacenamiento
VIII.	Controles de la exposición/protección personal
IX.	Propiedades físicas y químicas
X.	Estabilidad y reactividad
XI.	Información toxicológica
XII.	Información ecológica
XIII.	Consideraciones relativas a la eliminación
XIV.	Información relativa al transporte
XV.	Información reglamentaria
XVI.	Otra información

Bibliografía

BOE nº 54. 4/3/2003. REAL DECRETO 255/2003, de 28 de febrero, por el que se aprueba el Reglamento sobre clasificación, envasado y etiquetado de preparados peligrosos.http://www.insht.es/InshtWeb/Contenidos/Documentacion/FichasTecnicas/NTP/Ficheros/601a700/ntp_635.pdf. Ministerio de Trabajo e Inmigración.

ANEXO 3. REPASO EN EL CÁLCULO DE UNIDADES DE CONCENTRACIÓN

Las principales mediadas de concentración utilizadas en un laboratorio de química se resumen a continuación en el siguiente cuadro.

$$\rho = \frac{g_{\text{disolución}}}{mL_{\text{disolución}}} \qquad \%_{\text{peso}} = \frac{g_{\text{soluto}}}{g_{\text{disolución}}} \times 100 \qquad \%_{\text{peso/volumen}} = \frac{g_{\text{soluto}}}{mL_{\text{disolución}}} \times 100$$

$$C\,(g/L) = \frac{g_{\text{soluto}}}{L_{\text{disolución}}} \qquad M = \frac{mol_{\text{soluto}}}{1\,L_{\text{disolución}}} \qquad N = \frac{\text{Equivalente}_{\text{soluto}}}{1\,L_{\text{disolución}}}$$

$$m = \frac{mol_{\text{soluto}}}{kg_{\text{dvte}}} \qquad \chi_{\text{Soluto}} = \frac{mol_{\text{soluto}}}{mol_{\text{soluto}} + mol_{\text{dvte}}}$$

A continuación se plantea un problema resuelto donde se manejan los distintos tipos de medidas de concentración que se utilizan en un laboratorio de química y que permitirá al alumno familiarizarse con este cálculo tan importante.

Ejemplo: *Se quiere preparar una disolución de 100 mL al 24% en peso de ácido nítrico (δ=1.1406 g/mL) partiendo de una disolución de ácido nítrico comercial al 40% en peso (δ=1.2466 g/mL). Pm HNO_3=63 g mol^{-1}*

a) *¿Cuántos mL de la disolución de ácido nítrico al 40% es necesario tomar?*

b) *¿Cuál seria el % en peso/volumen, la concentración g L^{-1}, molaridad, normalidad, molalidad y la fracción molar del soluto de la nueva disolución?*

Para resolver el apartado **a** lo primero es determinar la cantidad de ácido nítrico que se necesita. Como vamos a preparar 100 mL de disolución utilizando los datos de densidad de la disolución que queremos preparar y su pureza podremos determinar fácilmente esta cantidad:

$$100\text{ mL disolución} \times \frac{1{,}1406\text{ g disolución}}{1\text{ mL disolucion}} \times \frac{24\text{g } HNO_3}{100\text{ g disolución}} = 27{,}37\text{g de } HNO_3$$

Estos son los gramos que necesito de nítrico puro y que debo tomar de la otra disolución teniendo en cuenta que esta nueva disolución tiene una riqueza del 40%, y una densidad de 1,2466 g mL^{-1}:

$$27{,}37\text{g } HNO_3 \times \frac{100\text{ g disolución}}{40\text{ g } HNO_3} \times \frac{1\text{ mL disolución}}{1{,}2466\text{ g disolución}} = 54{,}9\text{ mL disolución}$$

Para resolver el apartado **b**, únicamente es convertir entre los distintos tipos de unidades de concentración. Como conocemos el % en peso de la nueva disolución (24%) y su densidad (1,1406 g mL^{-1}), podemos determinar fácilmente el % en peso/volumen:

$$\frac{24\ \text{g HNO}_3}{100\text{g disolución}} \times \frac{1{,}1406\ \text{g disolución}}{1\ \text{mL disolución}} \times 100 = 27{,}37\ \%_{\text{p/v}}$$

La concentración g L^{-1} se calcula simplemente mediante un simple cambio de unidades, como se muestra a continuación:

$$\frac{27.37\ \text{g HNO}_3}{100\ \text{mLdisolución}} \times \frac{1000\ \text{mL disolución}}{1\ \text{L disolución}} = 273{,}7\ \text{g HNO}_3 \times \text{L}^{-1}$$

La molaridad se puede calcular entonces fácilmente simplemente dividiendo la concentración en g/L el peso molecular.

$$273{,}74\ \text{g L}^{-1} \times \frac{1\text{mol de HNO}_3}{63\text{g de HNO}_3} = 4{,}34\ \text{M}$$

Para poder determinar la normalidad, como en este caso se trata de un ácido monoprótico, es decir que el número de protones es 1, y por tanto el factor de equivalencia es 1 ésta coincide con la molaridad.

$$N = \frac{4{,}34\ \text{mol HNO}_3}{1\ \text{L disolución}} \times \frac{1\ \text{eq HNO}_3}{1\ \text{mol HNO}_3} = 4{,}34\ \text{N}$$

Para determinar la molalidad de la disolución, sabemos que ésta es por definición el número de moles de soluto por kilogramo de disolvente. Para su cálculo definimos un volumen de disolución, por ejemplo, 1 litro, donde por tanto el número de moles de soluto en un litro nos vendrá dado por la molaridad, mientras que los kilogramos de disolvente se pueden calcular simplemente restando los kilogramos de soluto a los kilogramos de disolución que hay en un litro, es decir restando la concentración a la densidad realizando los cambios oportunos de unidades. El cálculo se muestra a continuación:

$$m = \frac{4{,}34\ \text{mol HNO}_3}{1\ \text{L disolución}} \times \frac{1}{\left(\frac{1{,}1406\ \text{g disolución}}{1\ \text{mL disolución}} \times \frac{1000\ \text{mL}}{1\ \text{L}}\right) - \frac{273{,}74\ \text{g HNO}_3}{1\ \text{L disolucion}}} \times \frac{1000\ \text{g dvte}}{1\ \text{Kg dvte}} = 5{,}01\ \text{m}$$

Por último, para calcular la fracción molar del soluto, la calculamos mediante la división entre el nº de moles de soluto y el nº de moles totales, por ejemplo si tomamos 100 g de disolución ésta se calcularía según la siguiente expresión:

$$\chi_{HNO_3} = \frac{\dfrac{24\ \text{g HNO}_3}{63\ \text{g HNO}_3 \times \text{mol}^{-1}}}{\dfrac{24\ \text{g HNO}_3}{63\ \text{g HNO}_3 \times \text{mol}^{-1}} + \dfrac{(100-24)\ \text{g H}_2\text{O}}{18\ \text{g H}_2\text{O} \times \text{mol}^{-1}}} = 0{,}082$$

ANEXO 4. REACTIVOS QUÍMICOS Y MATERIAL DE LABORATORIO

1. Grado de pureza en reactivos comerciales

Un reactivo es, en química, toda sustancia que interactuando con otra (también reactivo) en una reacción química da lugar a otras sustancias de propiedades, características y conformación distinta, denominadas productos de reacción o simplemente productos.

Por tratarse de compuestos químicos, los reactivos se pueden clasificar según muchas variables: propiedades físico-químicas, reactividad en reacciones químicas, características del uso del reactivo. Sin embargo, por tratarse del concepto de reactivo la clasificación más adecuada, en este caso, sería la de características de su uso, en función del uso al que están destinados los reactivos. Esta clasificación viene dada en el envase del reactivo y depende del tratamiento que se le haya dado, de su riqueza, de su pureza que determina el uso químico que se le va a poder dar teniendo en cuenta la precisión, y de la exactitud y error absoluto que se ha de tener en la operación química a realizar. El etiquetado y clasificación de los productos muchas veces dependerá de la casa comercial.

En líneas generales los reactivos se pueden clasificar en:

a) Reactivos para análisis
b) Patrones
c) Reactivos para análisis de trazas metálicas
d) Análisis instrumental
e) Productos para uso general
f) Análisis volumétrico
g) Síntesis orgánica
h) Aplicaciones especiales

En los experimentos detallados en el presente volumen se han utilizado productos de uso general, productos químicamente puros o de pureza controlada, para uso general en el laboratorio y producción. En ocasiones se han utilizado, también, sustancias de referencia para técnicas analíticas específicas, un tipo de reactivo patrón.

2. Preparación, limpieza y mantenimiento del material de laboratorio

La limpieza del material en un laboratorio de química es una tarea fundamental a la hora de velar por la reproducibilidad de las experiencias. Concretamente, en un laboratorio de Química Inorgánica, es necesario que el material se encuentre perfectamente limpio y, en ocasiones, seco antes de abordar la preparación de algún compuesto químico ya que los restos de reactivos o productos de otras reacciones interfieren en la preparación y seguimiento de una reacción. Se recomienda, por tanto, limpiar siempre el material empleado inmediatamente después de terminar cada proceso y, al finalizar, dejar el material perfectamente limpio y ordenado. Además, se expondrán algunas recomendaciones generales en cuanto a la limpieza del material de laboratorio:

- Inicialmente el material de laboratorio se debe limpiar con agua templada y jabón de laboratorio, aclarándose después de su limpieza con abundante agua corriente. Finalmente, el material se vuelve a aclarar con agua destilada para arrastrar la carga iónica que pudiera quedar en el material proveniente de la red.
- Si la suciedad persistiera se introduce el material, siempre que no sea volumétrico, en un baño de potasa etanólica durante horas.
- Si esto aún no fuese suficiente para la limpieza completa de material, se recurre a un baño compuesto por la mezcla de agua oxigenada y ácido clorhídrico, ácido sulfúrico.
- El material volumétrico de vidrio nunca se debe limpiar con disoluciones alcalinas, como por ejemplo potasa etanólica, ya que atacan al vidrio.
- El material de vidrio tiene la capacidad de adsorber trazas de sustancias químicas, especialmente cationes. Al material de vidrio empleado en determinaciones volumétricas, como por ejemplo determinación de pequeñas cantidades de aniones y cationes, se le debe realizar un lavado ácido previo a su uso, para eliminar todo tipo de residuos adsorbidos en su superficie. Para ello, una vez que el material ha sido lavado con agua y jabón y aclarado, se deja con una disolución de HCl 3-6 M durante al menos una hora. Después se enjuaga con agua destilada y, finalmente, se deja escurrir.
- En ningún momento se debe dejar una pipeta usada sin limpiar, permitiendo que se seque la disolución originando incrustaciones en su interior, lo que supone un gran problema a la hora de su posterior limpieza. Una vez utilizada, ésta debe lavarse y aclararse inmediatamente con agua destilada, o dejarla sumergida en agua jabonosa hasta que se vaya a limpiar.
- Cuando el material de vidrio volumétrico (buretas, pipetas, etc) no está seco, es necesario lavarlo con la disolución que se va a tomar antes de proceder al llenado de la misma. Este proceso de denomina homogenización del material.

3. Aparatos y material para la medida de la masa

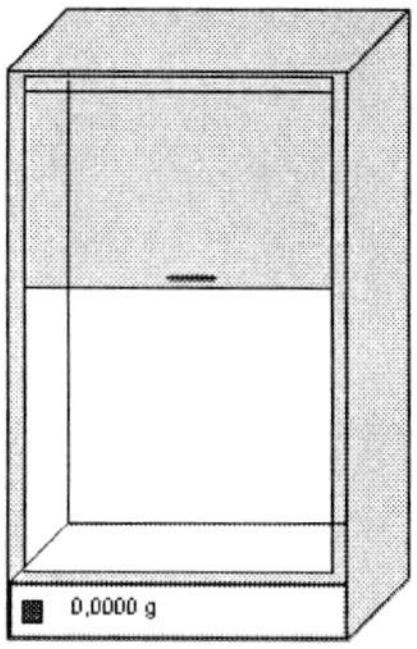

Balanza analítica: aparato utilizado para pesar productos químicos con precisión. Su intervalo de pesada abarca desde 110 g hasta 0,0001 g y su sensibilidad es de al menos 0,0001 g.

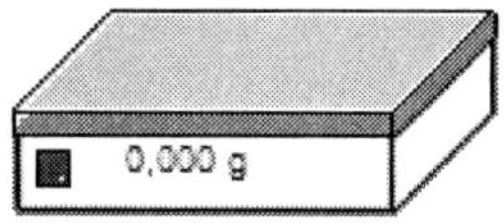

Granatario: instrumento de pesada de menor precisión que la balanza analítica y menor sensibilidad en la pesada. Por el contrario, presenta la ventaja de su mayor capacidad y resistencia. Su intervalo de pesada varía desde 0,01 g hasta 1500 g con una sensibilidad de 0,01 g.

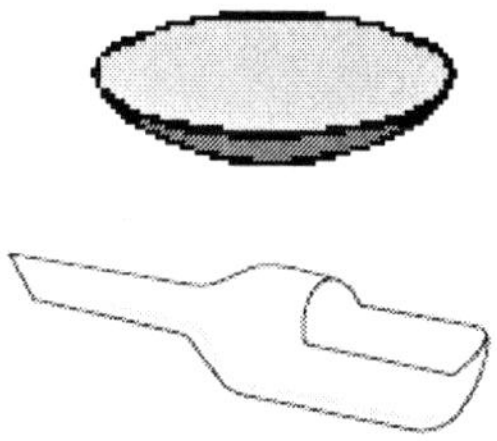

Vidrio de reloj o Pesasustancias: recipiente utilizado para el pesado de sustancias tanto en la balanza analítica como en el granatario.

Crisol de porcelana: este recipiente presenta varios usos. Ente ellos destaca su uso para reacciones que necesiten de la aplicación de calor.

4. Material para la medida de volumen

4.1. Medida de un volumen exacto

El material volumétrico que se utiliza normalmente en un laboratorio de química puede ser de dos calidades; ***clase A***, que resulta ser la calidad más exacta, y ***clase B***, de calidad menos exacta. El material volumétrico de clase A es más caro que el material de clase B y sus certificaciones garantizan que sus graduaciones cumplen ciertas tolerancias. La *tolerancia* se define como la incertidumbre permitida en el volumen contenido o vertido por un material volumétrico, o lo que es lo mismo, el intervalo de volúmenes en el que debe encontrarse el volumen contenido o vertido con dicho material.

Las *tolerancias* para el material volumétrico de clase A son menores que para el material volumétrico de clase B. Así pues, la probabilidad de que el volumen medido esté más cerca del valor teórico es mayor utilizando un material de clase A que en uno de clase B.

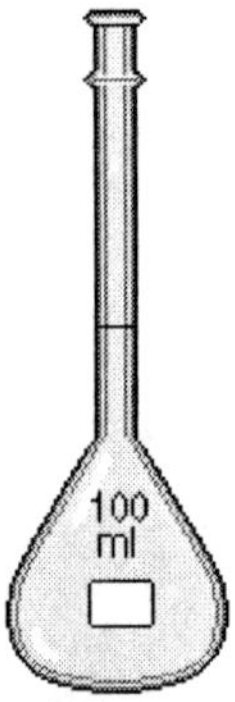

Matraz aforado: recipiente que se utiliza para preparar disoluciones de volumen y concentración exactamente conocidas. Sus capacidades varían desde 5 mL a 5 L.

Bureta: cilindro de vidrio graduado que permite conocer exactamente el volumen de líquido vertido a través de una llave situada en su parte inferior.

Pipeta aforada: tubo de vidrio calibrado que se utiliza para transferir volúmenes fijos conocidos de líquido desde un recipiente a otro.

De manera general, cuando se mide un volumen con este tipo de material, la base del menisco debe coincidir tangentemente con el centro de la marca o señal del volumen deseado. El menisco se define como la superficie curva de un líquido en su interfase con la atmósfera. Se forma como consecuencia de las fuerzas de atracción o repulsión que existen entre el líquido y las pareces del recipiente que lo contiene. Los meniscos pueden ser *cóncavos* o *convexos*. En la mayoría de los casos que se presentarán en un laboratorio de química donde se trabaja con disoluciones acuosas, los meniscos serán cóncavos, ya que existen fuerzas de atracción debido a la polaridad que presentan tanto el disolvente de la disolución (agua) y el material del vidrio (sílice).
Para una lectura correcta del volumen los ojos del observador deben estar al mismo nivel que se encuentra la superficie del líquido para no cometer un error debido al cambio angular, que produce un error por defecto si el menisco se observa desde arriba o por exceso si se hace desde abajo.

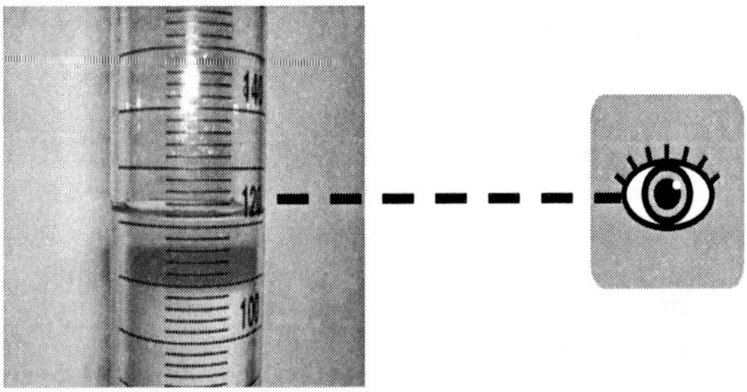

4.2. Medida de un volumen aproximado

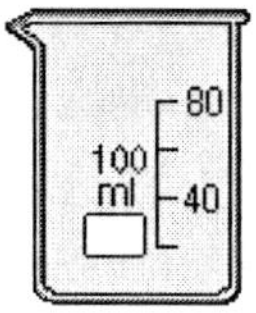

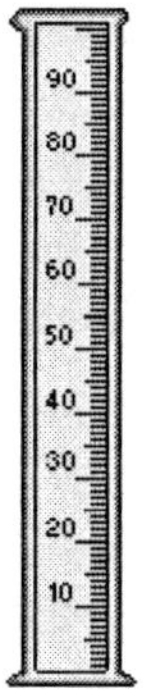

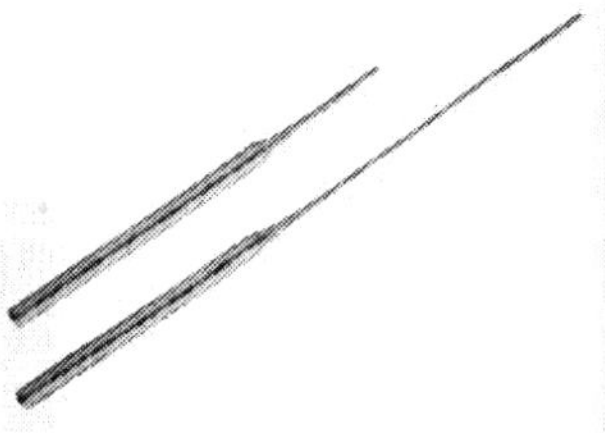

Vaso de precipitados: recipiente que se utiliza para disolver o calentar sustancias. Sus capacidades varían desde 50 mL a 2 L.

Probeta: recipiente que se utiliza para medir volúmenes aproximados de líquidos. Sus capacidades varían desde 5 mL a 1 L.

Pipeta Pasteur: su principal función es la de tomar pequeñas cantidades de líquido. Se utiliza sobre todo en los enrases de disoluciones.

5. Material empleado para la filtración.

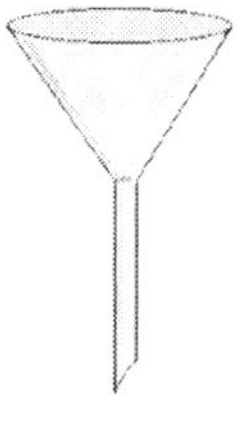

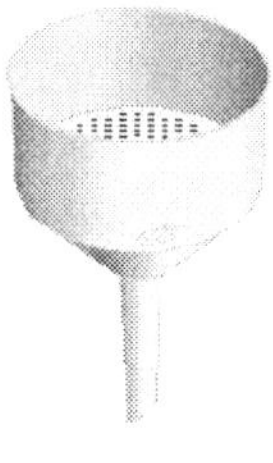

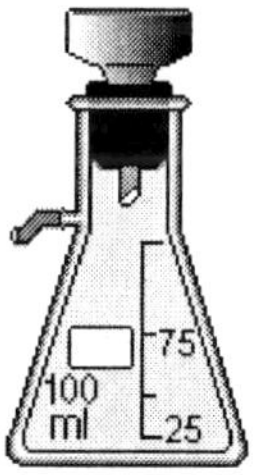

Embudo cónico: utilizado en la filtración por gravedad y trasvase de líquidos.

Embudo Büchner: se utiliza en las filtraciones por succión.

Matraz Kitasato: se utiliza para recoger el filtrado en las filtraciones por succión.

6. Material de vidrio para otros usos.

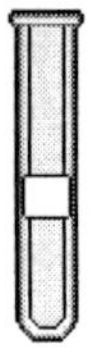

Tubo de ensayo: se utilizan para hacer pruebas de solubilidad, calentar pequeñas cantidades de sustancia o reacciones a escala de tubo.

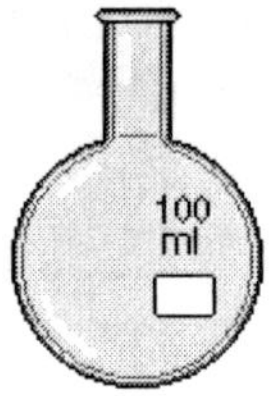

Matraz de fondo redondo: se utiliza para destilaciones o reflujos de reacciones.

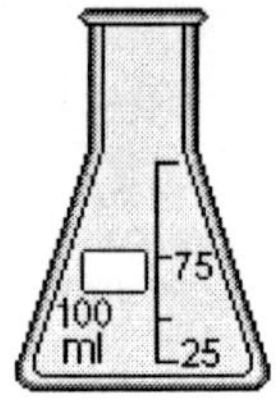

Matraz Erlenmeyer: se utiliza fundamentalmente en valoraciones y otras operaciones básicas.

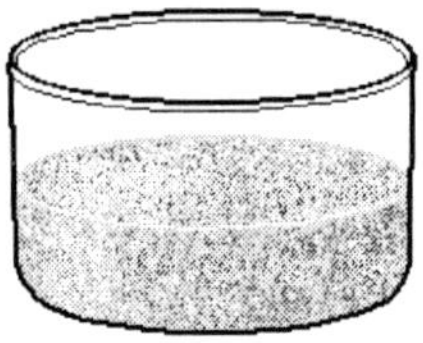

Cristalizador: recipiente utilizado en la evaporación de sustancias para la cristalización.

Mortero: utilizado para moler o disgregar sustancias y facilitar su manejo.

Varilla de vidrio: utilizado en operaciones de trasvase de líquido, agitación o mezcla de sustancias.

Embudo de decantación: se utiliza para separar mezclas que presentan dos fases.

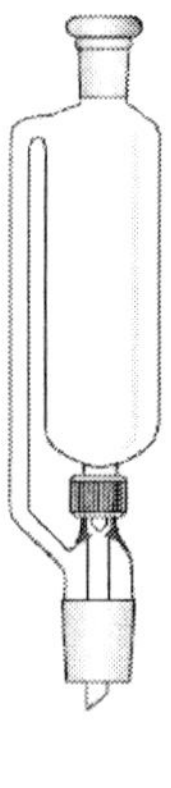

Embudo de adición de presión compensada: se utiliza para añadir disoluciones lentamente, evitando el riesgo de sobrepresión.

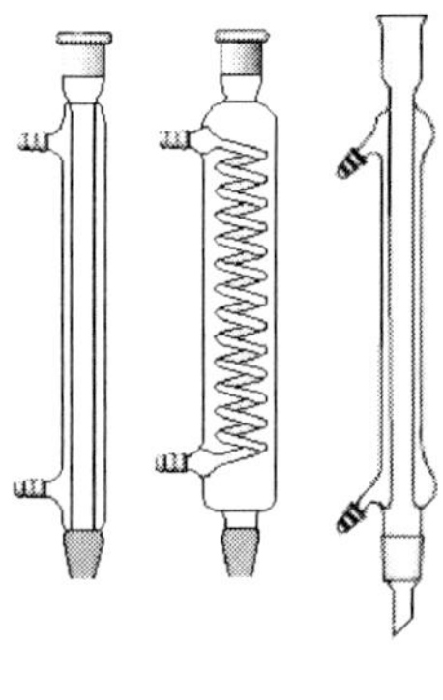

Refrigerantes: se utilizan para condensar el vapor generado en una destilación, simple o fraccionada, o en un sistema de reflujo.

7. Otro material de laboratorio.

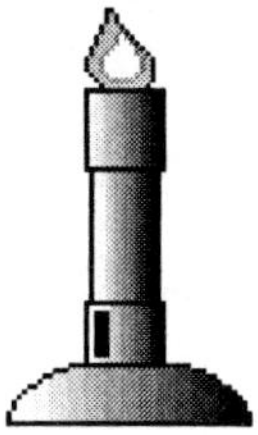

Mechero Bunsen: se utiliza para calentar a la llama tubos de ensayo o junto con el trípode y la rejilla, para calentar baños o reacciones.

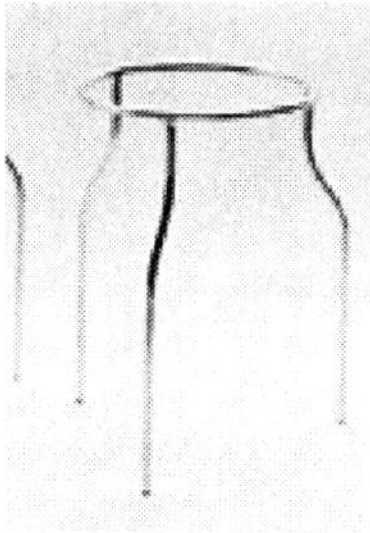

Trípode y rejilla de amianto: se incorpora entre el mechero Bunsen y el material a calentar.

Placa de agitación y/ o calefacción: se utiliza para agitar o calentar medios de reacción inflamables.

Aro metálico: utilizado para sujetar embudos de decantación o embudos de vidrio durante la filtración.

Pinzas con nuez: se utiliza para la sujeción de montajes.

Pinzas de Fischer: se emplean para sujetar la bureta durante una valoración.

Pinzas de madera: se utilizan para sujetar tubos de ensayo cuando se calientan.

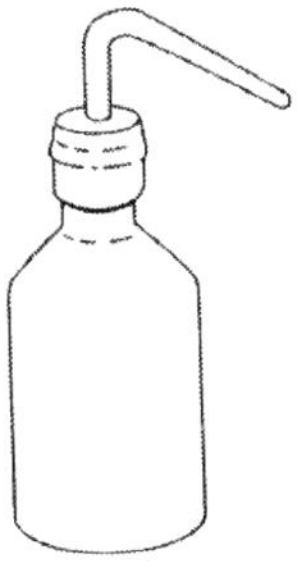

Frasco lavador: se emplea para adicionar agua en la preparación de disoluciones y lavado final del material.

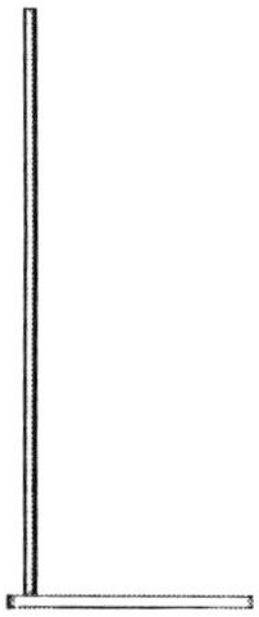

Pie/soporte: se utiliza para soportar material mediante una nuez y pinza, aro o pinza Fischer.

Columna cromatográfica: rellena de sílice, se utiliza para la separación de productos en función de su solubilidad e interacción con la sílice.

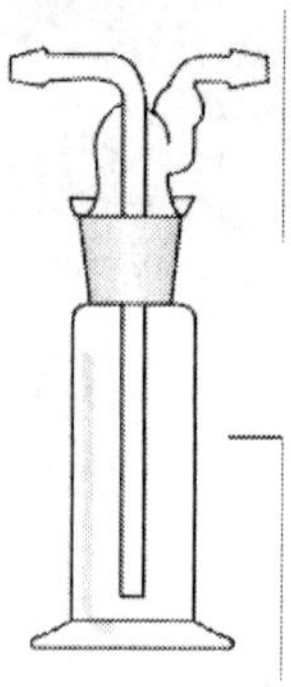

Frasco lavador de gases: se utiliza para borbotear gases sobre disoluciones.

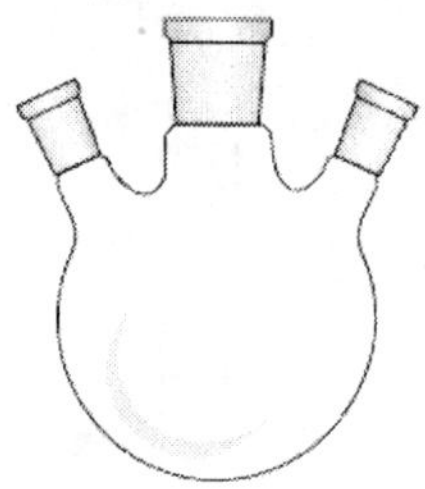

Matraz redondo de tres bocas: se utiliza para realizar distintas operaciones en montajes complejos, como adiciones sobre reflujos, en atmósfera inerte.

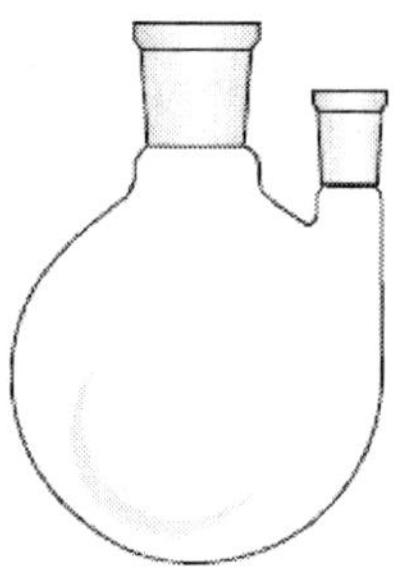

Matraz redondo de dos bocas: utilizado para operaciones de adición sobre reflujos.

Macho con oliva: conector entre un matraz y una goma.

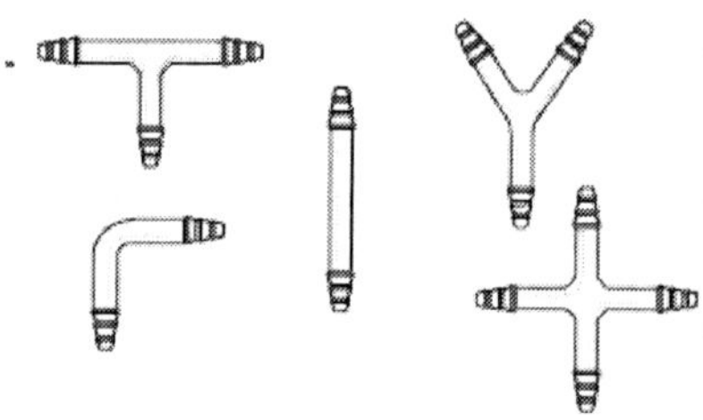

Tubo para conexiones con piezas de goma: Conectores entre gomas

ANEXO 5. TABLA DE POTENCIALES ESTANDAR DE OXIDO-REDUCCIÓN

A continuación se relacionan los potenciales de oxido-reducción correspondientes a las reacciones empleadas en el presente libro.

Tabla 1. Potenciales Redox

Semirreacción	E^0(V)
$F_2(g) + 2e^- \leftrightarrows 2F^-$	2,87
$H_2O_2 + 2H^+ + 2e^- \leftrightarrows 2H_2O$	1,77
$MnO_4^- + 4H^+ + 3e^- \leftrightarrows MnO_2 + 2H_2O$	1,68
$2HClO + 2H^+ + 2e^- \leftrightarrows Cl_2(g) + H_2O$	1,63
$IO_4^- + 2H_+ + 2e^- \leftrightarrows IO_3^- + H_2O$	1,60
$2NO_2^- + 8H^+ + 6e^- \leftrightarrows N_2(g) + 4H_2O$	1,520
$MnO_4^- + 8H^+ + 5e^- \leftrightarrows Mn^{2+} + 4H_2O$	1,51
$2HNO_2 + 6H^+ + 6e^- \leftrightarrows N_2(g) + 4H_2O$	1,454
$2NO_2^- + 6H^+ + 4e^- \leftrightarrows N_2O(g) + 3H_2O$	1,396
$Cl_2(ac) + 2e^- \leftrightarrows 2Cl^-$	1,39
$Cl_2(g) + 2e^- \leftrightarrows 2Cl^-$	1,36
$Cr_2O_7^{2-} + 14H^+ + 6e^- \leftrightarrows 2Cr^{3+} + 7H_2O$	1,33
$2HNO_2 + 4H^+ + 4e^- \leftrightarrows N_2O(g) + 3H_2O$	1,297
$Cr_2O_7^{2-} + 12H^+ + 6e^- \leftrightarrows 2CrOH^{2+} + 5H_2O$	1,26
$VO_4^{3-} + 6H^+ + 2e^- \leftrightarrows VO^+ + 3H_2O$	1,256
$O_2(g) + 4H^+ + 4e^- \leftrightarrows 2H_2O$	1,23
$MnO_2 + 4H^+ + 2e^- \leftrightarrows Mn^{2+} + 2H_2O$	1,22
$NO_2^- + 2H^+ + e^- \leftrightarrows NO(g) + H_2O$	1,202
$HCrO_4^- + 7H^+ + 3e^- \leftrightarrows Cr^{3+} + 4H_2O$	1,20
$Cr_2O_7^{2-} + 10H^+ + 6e^- \leftrightarrows 2Cr(OH)_2^+ + 3H_2O$	1,14
$Br_2(ac) + 2e^- \leftrightarrows 2Br^-$	1,087

$Br_2(l) + 2e^- \leftrightarrows 2Br^-$	1,065
$HNO_2 + H^+ + e^- \leftrightarrows NO(g) + H_2O$	1,00
$VO_2^+ + 2H^+ + e^- \leftrightarrows VO^{2+} + H_2O$	1,00
$NO_3^- + 4H^+ + 3e^- \leftrightarrows NO + 2H_2O$	0,96
$NO_3^- + 3H^+ + 2e^- \leftrightarrows HNO_2 + H_2O$	0,93
$N_2O_4 + 2e^- \leftrightarrows 2NO_2^-$	0,87
$2NO_3^- + 4H^+ + 2e^- \leftrightarrows N_2O_4 + 2H_2O$	0,80
$Ag^+ + e^- \leftrightarrows Ag$	0,80
$NO_2^- + 7H^+ + 6e^- \leftrightarrows NH_3(g) + 2H_2O$	0,789
$NO_3^- + 2\,H^+ + e^- \leftrightarrows NO_2\,(g) + H_2O$	0,775
$Fe^{3+} + e^- \leftrightarrows Fe^{2+}$	0,77
$O_2(g) + 2H^+ + 2e^- \leftrightarrows H_2O_2$	0,682
$I_2(ac) + 2e^- \leftrightarrows 2I$	0,615
$MnO_4^- + 2H_2O + 2e^- \leftrightarrows MnO_2 + 4OH^-$	0,60
$MnO_4^- + e^- \leftrightarrows MnO_4^{2-}$	0,564
$I_3^- + 2e^- \leftrightarrows 3I^-$	0,536
$I_2(s) + 2e^- \leftrightarrows 2I^-$	0,535
$MnO_4^{2-} + 2H_2O + 2e^- \leftrightarrows MnO_2 + 4OH^-$	0,51 (18 ºC)
$MnO_4^- + 2e^- \leftrightarrows MnO_4^{3-}$	0,417
$O_2(g) + 2H_2O + 4e^- \leftrightarrows 4OH^-$	0,401
$2ClO^- + 2H_2O + 2e^- \leftrightarrows Cl_2(g) + 4OH$	0,40
$VO^{2+} + 2H^+ + e^- \leftrightarrows V^{3+} + H_2O$	0,359
$Cu^{2+} + 2e^- \leftrightarrows Cu(s)$	0,34
$SO_4^{2-} + 10H^+ + 8e^- \leftrightarrows H_2S(g) + 4H_2O$	0,303
$HSO_4^- + 9H^+ + 8e^- \leftrightarrows H_2S(g) + 4H_2O$	0,289
$MnO_4^{2-} + 4H_2O + 4e^- \leftrightarrows Mn^{2+} + 8OH^-$	0,275
MnO_2 (gamma) $+ 4H^+ + 2e^- \leftrightarrows Mn^{2+} + 2H_2O$	0,21

$SO_4^{2-} + 4H^+ + 2e^- \leftrightarrows SO_2 + 2H_2O$	0,20
$SO_4^{2-} + 4H^+ + 2e^- \leftrightarrows H_2SO_3 + H_2O$	0,172
$2NO_2^- + 3H_2O + 2e^- \leftrightarrows N_2O + 6OH^-$	0,15
$S_4O_6^{2-} + 2e^- \leftrightarrows 2S_2O_3^{2-}$	0,08
$NO_3^- + H_2O + 2e^- \leftrightarrows NO_2^- + 2OH^-$	0,01
$2H^+ + 2e^- \leftrightarrows H_2$	0,00
$Fe^{3+} + 3e^- \leftrightarrows Fe$	- 0,04
$Pb^{2+} + 2e^- \leftrightarrows Pb$	-0,13
$2NO_2^- + 2H_2O + 4e^- \leftrightarrows N_2O_2^{2-} + 4OH^-$	-0,18
$2SO_4^{2-} + 4H^+ + 2e^- \leftrightarrows S_2O_6^{2-} + H_2O$	-0,22
$V^{3+} + e^- \leftrightarrows V^{2+}$	-0,256
$Cr^{3+} + e^- \leftrightarrows Cr^{2+}$	-0,408
$Fe^{2+} + 2e^- \leftrightarrows Fe(s)$	-0,41
$NO_2^- + H_2O + e^- \leftrightarrows NO + 2OH^-$	-0,46
$2CO_2(g) + 2H^+ + 2e^- \leftrightarrows H_2C_2O_4$	-0,49
$2SO_3^{2-} + 3H_2O + 4e^- \leftrightarrows S_2O_3^{2-} + 6OH^-$	-0,57
$SO_3^{2-} + 2H_2O + 4e^- \leftrightarrows S + 6OH^-$	-0,66
$Zn^{2+} + 2e^- \leftrightarrows Zn$	- 0,76
$2H_2O + 2e^- \leftrightarrows H_2(g) + OH^-$	-0,83
$2NO_3^- + 2H_2O + 2e^- \leftrightarrows N_2O_4 + 4OH^-$	-0,85
$SO_4^{2-} + H_2O + 2e^- \leftrightarrows SO_3^{2-} + 2OH^-$	-0,93
$2SO_3^{2-} + 2H_2O + 2e^- \leftrightarrows S_2O_4^{2-} + 4OH^-$	-1,12
$V^{2+} + 2e^- \leftrightarrows V$	-1,18
$Al^{3+} + 3e^- \leftrightarrows Al$	-1,66
$Mg^{2+} + 2e^- \leftrightarrows Mg$	-2,37
$Na^+ + e^- \leftrightarrows Na$	-2,71
$Ca^{2+} + 2e^- \leftrightarrows Ca$	-2,87

$Ba^{2+} + 2e^- \leftrightarrows Ba$	-2,91
$K^+ + e^- \leftrightarrows K$	-2,93
$Li^+ + e^- \leftrightarrows Li$	-3,04

Bibliografia

1. C. E. Housecroft, A. G. Sharpe. *Química Inorgánica,* Ed. Pearson Education, Madrid, 2006.
2. D.A. Skoog, D.M. West, F.J. Holler, S.R. Crouch. *Fundamentos de Química Analítica.* Ed. Thomson. 2005.
3. http://www.kft-split.hr/periodni/en/abc/ems/html